CorelDRAW+Photoshop
服装数字化设计技术

主　编　孙金平　吴玉娥

参　编　杨晓丽　张善阳　张白露

魏晓辉　刘　蕾　李公科

U0234046

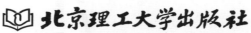

北京理工大学出版社
BEIJING INSTITUTE OF TECHNOLOGY PRESS

内 容 提 要

本书以服装设计、面料设计等岗位能力为主线，以服装品类为载体，创设真实工作任务。本书根据服装设计工作过程和设计师岗位要求，设置5个学习项目、12个工作任务，将知识点分解融入每个工作任务，通过"导—探—练—拓—评"训练如何运用CorelDraw和Photoshop软件进行下装、衬衫、西装、休闲装和外套等品类服装款式的绘制。

书中包含大量企业设计案例，集通俗性、实用性、技巧性于一体，本书可作为高等院校服装专业学生的学习用书，也可供服装行业技术人员及广大服装爱好者参考。

图书在版编目（CIP）数据

CorelDRAW+Photoshop 服装数字化设计技术 / 孙金平，吴玉娥主编. --北京：北京理工大学出版社，2022.12

ISBN 978-7-5763-1963-7

Ⅰ.①C⋯　Ⅱ.①孙⋯　②吴⋯　Ⅲ.①服装设计－计算机辅助设计－图形软件－高等学校－教材　Ⅳ.①TS941.26

中国版本图书馆CIP数据核字（2022）第258692号

出版发行／北京理工大学出版社有限责任公司

社　　　址／北京市海淀区中关村南大街 5 号

邮　　　编／100081

电　　　话／（010）68914775（总编室）

　　　　　　（010）82562903（教材售后服务热线）

　　　　　　（010）68944723（其他图书服务热线）

网　　　址／ http://www.bitpress.com.cn

经　　　销／全国各地新华书店

印　　　刷／河北鑫彩博图印刷有限公司

开　　　本／ 889 毫米 ×1194 毫米　1/16

印　　　张／ 10.5　　　　　　　　　　　责任编辑／钟　博

字　　　数／ 293 千字　　　　　　　　　　文案编辑／钟　博

版　　　次／ 2022 年 12 月第 1 版　2022 年 12 月第 1 次印刷　　责任校对／周瑞红

定　　　价／ 89.00 元　　　　　　　　　　责任印制／王美丽

编写委员会

孙金平　山东科技职业学院

吴玉娥　山东科技职业学院

杨晓丽　山东科技职业学院

张善阳　潍坊尚德服饰有限公司

张白露　山东科技职业学院

魏晓辉　山东省潍坊商业学校

刘　蕾　山东科技职业学院

李公科　山东科技职业学院

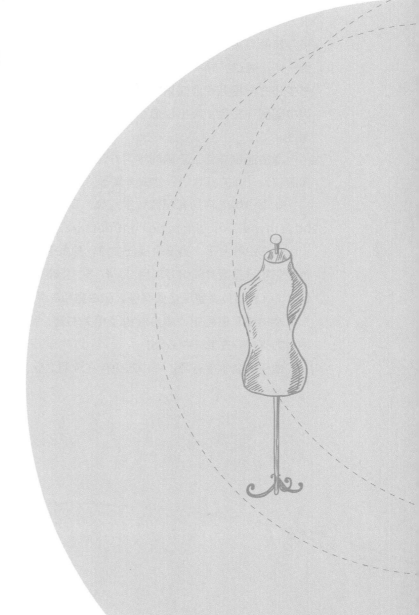

前言 FOREWORD

随着信息时代的迅速发展，数字技术在纺织服装行业广泛应用。数字化设计技术是时装设计师最为重要的设计表达技术之一，它的视觉效果强烈而直观，表现细腻而丰富，使用便捷而高效。越来越多的服装品牌要求设计师运用信息技术进行设计，以顺应快节奏的商业时尚文化。服装款式图是服装生产过程中重要的技术指导文件，是每件服装的生产说明书，服装款式图要求结构准确、比例恰当、分割优美、图案明确，它关系到整件服装制版及成衣最终成型的效果，在服装生产中起着举足轻重的作用。因此，如何正确运用信息技术快速、规范地绘制服装款式图至关重要。

本书以工作任务为引领，对接行业标准、产品创意设计"1+X"职业技能等级标准、技能大赛要求，以服装品类为项目主线，按照"基础款式—复杂款式"的认知规律，由浅入深，循序渐进，突出核心技能与实操能力，将知识点进行分解融入每个工作任务，理论与实践融为一体，充分体现教学做一体，通过"导—探—练—拓—评"引导学生探究，实现从单项技能到综合职业能力的递进培养。书中还充分挖掘专业知识所蕴藏的人文精神与科学精神，融入中国色彩体系、传统工艺、传统纹样等中国服饰文化，突出价值引领、工匠精神培育、企业文化融入等职业教育特点，激活教材的价值属性。

本书通过详尽、正确的学习方法指导和操作步骤讲解，帮助学习者快速掌握设计绘图技能，夯实服装设计师的基本功，使读者具备纺织服装行业高素质人才所需要的数字化设计和表现技能。

本书讲解内容均有配套教学视频、课件，读者也可登录课程平台进行免费学习，课程网址为：https://www.xueyinonline.com/detail/227049374。

本书由孙金平、吴玉娥担任主编，孙金平对全书进行审定，吴玉娥负责统稿。具体编写分工为：孙金平和吴玉娥共同编写项目 3、4、5；杨晓丽和魏晓辉共同编写项目 1；张善阳和刘蕾共同编写项目 2；张善阳负责整理企业案例；张白露和李公科负责汇总整理与校对。

本书编写过程中，编者参考了相关书籍，得到了潍坊尚德服饰有限公司和北京理工大学出版社的大力支持，在此一并致谢！

由于编者水平有限，书中难免存在疏漏之处，敬请广大读者批评指正。

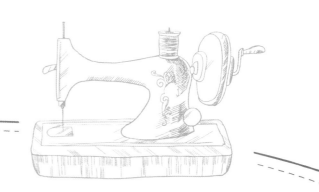

CONTENTS 目 录

项目 1
下装款式绘制

1.1　项目导入

项目 1 任务书见表 1-1。

表 1-1　项目 1 任务书

项目任务书	
项目 来源	某服饰公司的春夏女装产品开发项目
工作 任务	根据企业"春夏女装产品开发项目企划方案"，结合国风潮流的流行趋势，参考以下款式，为企业设计新款式，完成半裙单品和牛仔裤单品结构图的设计表现 企业的企划方案（部分内容）

	项目任务书
工作任务	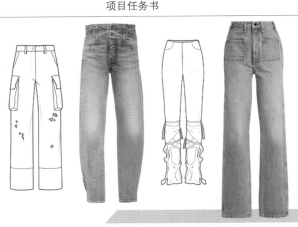 企业的企划方案（部分内容）(续)
工作标准	产品创意设计（中级）职业技能等级标准： 1. 熟练使用设计类的二维表现软件，能对产品创意、产品造型等实施设计表现工作。 2. 能针对产品的材质、颜色、表面纹理等，制作产品创意设计效果图。 3. 在设计方案完成的前提下，能用设计类软件，将产品创意的重点、操作方式、结构特点等内容表达完整。 服装设计师职业技能要求： 1. 能把握服装的比例，正确表达服装的廓形及内部结构。 2. 能表现服装的色彩搭配与面料质感。 3. 能使用 Photoshop、CorelDRAW、Illustrator 等计算机软件绘制服装款式图。 服装设计与工艺技能大赛赛项评分要点： 1. 服装款式图表达技法：服装款式图线条流畅清晰，粗细恰当，层次清楚；比例美观协调，符合形式美法则；结构合理，可生产、能穿脱。 2. 计算机款式图绘制：充分体现服装廓型、比例、工艺和结构特征，绘图规范，图面干净，线迹清爽。 3. 色彩与面料：色彩搭配协调，注意流行色的运用，表现得当，有层次感，面料肌理充分体现；能根据面料的质地、性能恰当地表现服装风格和款式造型。 4. 设计说明：清晰表述服装设计风格、流行趋势元素的运用，以及服装造型、结构、面料、色彩、工艺的特点。 5. 整体效果：服装整体搭配恰当

1.2 任务思考

问题 1 扫描右侧二维码观察下装款式图，分析款式特点是什么，每个款式包含哪些工艺方法，款式中包含哪些中国元素。

问题 2 扫描右侧二维码观察下装款式图，分析下装款式图的立体效果是通过什么表现手法表达的。

下装款式图

1.3 知识准备

1.3.1 CorelDRAW 相关术语和概念

1. 对象

CorelDRAW 中对象是指在绘图过程创建或放置的项目，包括线条、形状、符号、图形和文本等。

2. 节点

CorelDRAW 中节点是指直线段或曲线段的每个末端处的方形点。通过创建节点，在节点之间生成连接线，从而组成直线或曲线。拖动直线或曲线上一个或多个节点可以改变直线或曲线的形状。

3. 轮廓线

轮廓线是指位于对象的边缘轮廓，可以为其应用形状、描边粗细、颜色和笔触属性的线条。用户可以为对象设置轮廓线，也可以使对象无轮廓线。

4. 泊坞窗

泊坞窗以窗口形式显示同类控件，如命令按钮、选项和列表框等。用户可以在操作文档时一直将泊坞窗打开，以便使用各种命令来尝试不同的效果。

5. 美术文本

美术文本是使用文字工具创建的一种文字类型，在输入较少文字时使用（如标题）。可用美术字添加短文本行（如标题），或者用它来应用图形效果，如使文本适合路径、创建立体和调和，以及创建所有其他特殊效果。每个美术字对象最多容纳 32 000 个字符。

6. 段落文本

段落文本是使用文字工具创建的另一种文字类型，在输入较大篇幅文字时使用（如正文等）。可以应用格式编排选项，以达到所需要的版面效果。

7. 矢量图

矢量图是由决定所绘制线条的位置、长度和方向的数学描述生成的图像。矢量图是作为线条的集合，而不是作为个别点或像素的图案创建的。

8. 位图

位图是由像素网格或点网格组成的图像，组成图像的每一个像素点都有自身的位置、大小、亮度和色彩等。

9. 属性

属性是对象的大小、颜色及文本格式等基本参数。

10. 样式

样式是控制特定类型对象外观属性的一种集合，包括图形样式、颜色样式和文本样式。

1.3.2　CorelDRAW 矩形工具

按住 Ctrl 键，可在绘图页面中绘制正方形；按住 Shift 键，可在绘图页面中以当前点为中心绘制矩形；按住 Shift+Ctrl 组合键，可在绘图页面中以当前点为中心绘制正方形。

绘制圆角矩形：绘制一个矩形，改变属性栏中的"左 / 右边矩形的边角圆滑度"4 个角的角圆滑度数值 `20.0 mm  20.0 mm`；或按 F10 键，快速选择"形状"工具，按住鼠标左键拖曳矩形边角的节点，改变边角的圆滑程度，可以绘制圆角矩形。

修改矩形形状：选中矩形，右击 [①]，选择"转换为曲线"命令（Ctrl+Q），使用"形状"工具，即可修改矩形形状。

1.3.3　CorelDRAW 钢笔工具

（1）单击工具箱中的"手绘"工具，选择"钢笔"工具（图 1-1）。

---

① 本书中"右击"指单击鼠标右键。

（2）单击菜单栏下面的属性框（图 1-2）。

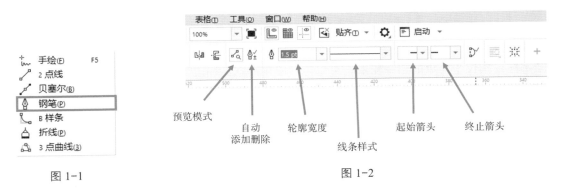

图 1-1

图 1-2

（3）先单击一个节点，然后单击第二个节点，按住鼠标拖动出弧线（图 1-3）。

（4）画出想要的线以后双击或按 Enter 键完成线段绘制（图 1-4）。

图 1-3

图 1-4

（5）曲线转直线的绘制方法：按住 Alt 键单击节点，蓝色虚线拉杆变为单杆，直接单击下一个节点可绘制直线（图 1-5）。

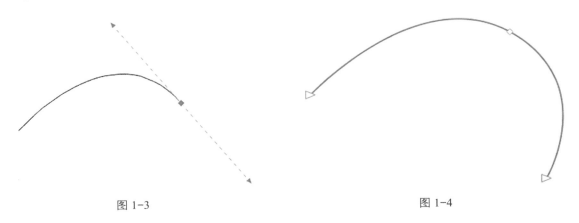

按住 Alt 键单击节点，
蓝色虚线拉杆变成单杆

图 1-5

（6）使用"形状"工具可以对线条进行调整（图 1-6）。

1.3.4　CorelDRAW 混合（调和）工具

若调和两个对象，请从第一个对象拖至第二个对象（图 1-7）。第一个对象是调和起始对象，第二个对象是结束对象；光标位于可在调和中使用的对象上时，将发生变化。

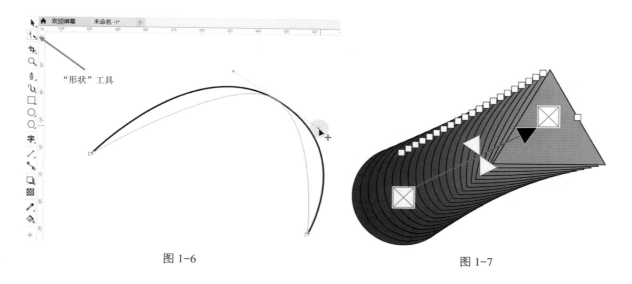

图 1-6　　　　　　　　　　　　图 1-7

要想同时调整调和的距离和颜色渐变效果，直接移动滑块📐即可；若分别调整调和的距离和颜色渐变效果，则双击滑块上的相应手柄，然后移动手柄即可。

1.3.5　图片格式、位图、矢量图

1. 图片格式

图片格式大概有 24 种，设计的图片应该保存为哪种格式？这些格式的区别是什么呢？请扫描二维码，通过动画了解图片格式。

2. 位图和矢量图

什么是位图和矢量图？它们的区别是什么？请扫描二维码，通过动画学习位图和矢量图知识。

视频：图片格式

视频：位图与矢量图的区别

1.4　素养提升

中国服饰文化——褶裙

褶裙在我国历史悠久，早在西汉时期墙壁上就出现了褶纹裙的影子。扫描二维码阅读文章，思考并探讨以下问题。

1. 褶裙的特点是什么？

2. 褶裙在哪个少数民族的服装中应用比较多？

旧物再利用——无处不在的废旧牛仔服装

随着人们对时尚的追求，人们对牛仔服装的需求不断增长，进而造成大量的废旧牛仔服装资源，如何利用好废旧的牛仔服装资源，为保护环境做出贡献，是现代设计需要关注的问题。

人们运用牛仔裤良好的耐磨性将废旧的牛仔裤改造为包、收纳袋等。扫描二维码阅读文章，欣赏废旧牛仔裤的再利用，思考还可以在哪些方面进行改造和创意。

品中国服饰文化——褶裙

废旧牛仔再利用

1.5 任务实施

任务描述

以围裹开衩式半裙、抽褶裙、波浪裙和牛仔裤为工作任务对象，进行碎褶、波浪褶、磨白、猫须、铆钉、打结等工艺效果及下装款式的绘制。

任务目标

（1）素质目标：具有良好的思想政治素养、行为规范和敬业诚信的职业道德；具有较强的表达能力和责任感。

（2）知识目标：掌握 CorelDRAW 2019 版本相关工具的使用方法，包括"矩形"工具、"钢笔"工具、"形状"工具、"艺术笔"工具、"填充"工具、"轮廓笔"工具、"混合"工具、"变形"工具。

（3）能力目标：能够熟练使用 CorelDRAW 2019 版本的工具；能够绘制任意款式的半裙和裤子款式图。

实施准备

只有了解下装各类款式的特点，在绘制平面服装款式图时才能准确表现各部位的结构。

视频：
半裙款式分析

1. 半裙款式分析

半裙是最能体现女性魅力的单品之一，扫描二维码观看视频，思考并探讨以下问题。

（1）半裙的特点是什么？

（2）半裙的款式分类有哪些？

2. 褶裙款式分析

褶裙作为时尚潮流的必备单品之一，被称为完美无瑕的裙子，扫描二维码观看视频，思考并探讨以下问题。

视频：
褶裙款式分析

（1）褶的种类有哪些？

（2）压褶、抽褶、自然褶、垂坠褶的特点分别是什么？

3. 牛仔裤款式分析

牛仔裤被列为"百搭服装之首"，是服装企业产品设计中最重要的单品款式之一，扫描二维码观看视频，思考并探讨以下问题。

视频：牛仔裤
款式分析

（1）牛仔裤的特点是什么？

（2）牛仔裤的款式分类有哪些？

1.5.1　工作任务 1：围裹开衩裙

围裹开衩裙款式图如图 1-8 所示。任务实施单见表 1-2。

图 1-8

表 1-2　任务实施单

序号	步骤	操作说明	制作标准
1	半裙廓形绘制	借助人台模型和辅助线进行廓形的绘制，使用"钢笔"工具绘制封闭图形，使用"形状"工具调整细节造型	线条流畅清晰，粗细恰当，层次清楚；比例美观协调，符合形式美法则
2	半裙内部结构绘制	明线绘制，使用"参数"属性栏中的"合并"工具；纽扣绘制，使用"渐变填充"工具；纽扣变形，使用"封套"工具；立体阴影绘制，使用"阴影"工具	结构合理，可生产、能穿脱；表现得当，有层次感

1.5.1.1　廓形绘制

（1）将人台模特复制到软件中，右击将其锁定。

（2）从左侧的标尺上拉出一条辅助线，作为前中线；再分别拉出腰围线、裙长线，此裙子的长度到小腿肚的位置，裙摆宽度一般在人体模特手的外侧（图 1-9）。

（3）使用"钢笔"工具，从腰节线的位置开始绘制，按住鼠标左键拖动拉杆时，按下 Shift 键，可以绘制出水平效果；按照图 1-10 所示 1 ~ 6 的顺序依次绘制出侧缝、下摆；结束点 6 和开始点 1 重合，钢笔图标右下角显示圆圈，说明绘制的造型为封闭的。

（4）绘制下摆前中处点，按住鼠标左键拖动拉杆时，按下 Shift 键，可绘制出水平效果，按住 Alt 键单击下摆

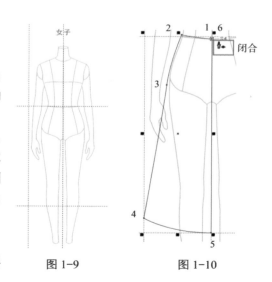

图 1-9　　　　　图 1-10

前中处的节点，即可完成曲线到直线的切换，结束点和开始点闭合（图1-11）。

（5）使用"形状"工具进行调节，调节时单击线，就会出现节点；单击节点就会出现节点的拉杆，这时就可以调动拉杆，或者调动节点的位置。

（6）使用"钢笔"工具绘制腰头，结束绘制时按住Ctrl键在空白处单击即可。

（7）使用"直接选择"工具框选左片，按住Ctrl键从左侧中间的黑色方框向右拖曳，同时右击，即可完成右片的复制（图1-12）。

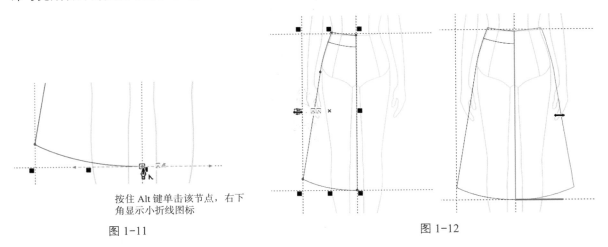

按住Alt键单击该节点，右下
角显示小折线图标

图1-11

图1-12

（8）使用"智能填充"工具 🖫 将左、右腰头部分生成闭合图形，按住Shift键把左、右的腰头选中进行"焊接"，这样就变成一个完整的腰头（图1-13）。

图1-13

（9）选中左裙片，进行复制（Ctrl+C）、粘贴（Ctrl+V），通过"形状"工具进行调节，根据造型调整左前裙片的形状。

（10）用相同的方法完成右前裙片的绘制。

（11）框选所有图形，在右侧"属性"泊坞窗中单击"填充"按钮，如果"属性"泊坞窗没有打开，可以通过底下的小加号添加常用的泊坞窗项目；还可以通过打开"窗口"菜单，单击"泊坞窗"按钮来添加，打钩的表示已经添加。

（12）在"属性"泊坞窗中单击"填充"按钮，单击"均匀填充"按钮，使用"颜色滴管"吸取想要的颜色。选中腰头，右击，选择"顺序"→"到图层前面"命令（图1-14）。

（13）按住Shift键选中左后片和右后片，

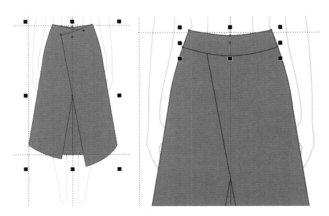

图1-14

在"参数"属性栏中单击"焊接"按钮，形成完整的后片（图 1-15）。

（14）使用"形状"工具，进行造型细节调整。

（15）使用"矩形"工具绘制一个矩形，双击进行旋转。

（16）在旋转时如果受到限制，打开"查看"菜单，选择"贴齐关闭"命令即可关闭贴齐，"贴齐"开关的快捷键是 Alt+Q。

（17）使用"矩形"工具绘制一个矩形，按 F10 键切换为"形状"工具，向里拖曳四个角，变成小圆角。

（18）在"参数"属性栏中，打开"同时编辑所有角"选项框，在右边输入数值，设置圆角（图 1-16）。

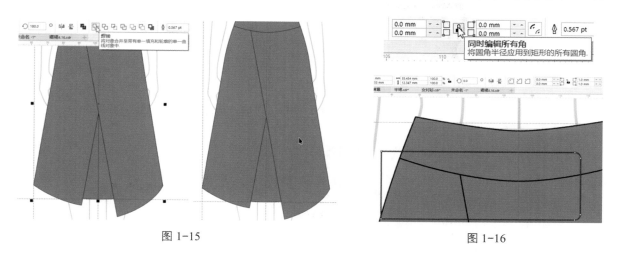

图 1-15　　　　　　　　　　　　　　　　　图 1-16

（19）将其"转换为曲线"（选中矩形，在"参数"属性栏中单击"转换为曲线"按钮）（图 1-17）。

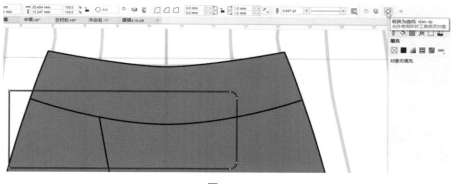

图 1-17

（20）使用"形状"工具，进行腰带造型调整；使用"钢笔"工具，绘制腰带厚度转折的造型（图 1-18）。

（21）使用"智能填充"工具 ，生成闭合图形填充颜色（图 1-19）。

注意：线与线之间搭接一定要紧密，否则无法生成闭合图形。

半裙廓形绘制完成（图 1-20）。

1.5.1.2　内部结构绘制

（1）按 Alt+Q 组合键，打开"贴齐"命令 　 贴齐① ▾ 。

（2）按 F10 键切换到"形状"工具进行形状的调整，在按住鼠标左键拖曳的同时右击，就可以复制出相同的线。

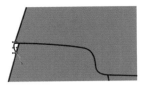

图 1-18

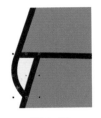

图 1-19

图 1-20

进行明线的设置：打开"属性"泊坞窗中的"轮廓"面板，把明线的角设置为"圆角"，把线条端头设置为"圆形端头"（图 1-21）。

按住鼠标左键拖曳并右击，在移动的同时复制明线（图 1-22）。

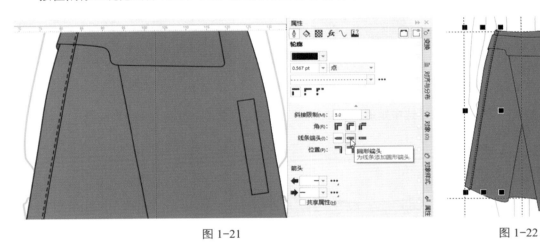

图 1-21   图 1-22

注：英文输入法状态下，按"缩放"快捷键 Z，拉框放大所框选的部位。

按 F10 键切换到"形状"工具进行细节调整。

（3）使用"钢笔"工具绘制裙摆实线，按 Ctrl 键就可以切换至"形状"工具，对形状进行调节。使用同样的方法将所有的实线绘制出来。

（4）所有实线绘制好后，设置明线（图 1-23）。

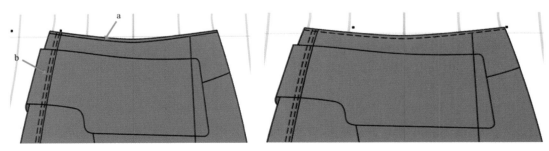

图 1-23

使用"选择"工具，先选中要设置明线的实线（a），然后按住 Shift 键选择已经设置好的明

线（b），在"参数"属性栏上单击"合并"按钮 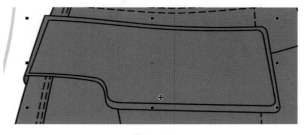（Ctrl+L），合并后就会成为

一个整体，按 Ctrl+K 组合键进行拆分，这时就可以单独进行编辑。

用同样的方法，设置其他部位的明线。

（5）使用"选择"工具框选腰带，右击，选择"顺序"→"到图层前面"命令（图 1-24）。

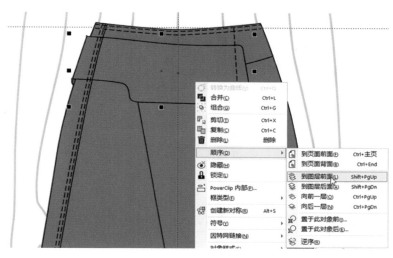

图 1-24

（6）按住 Shift 键将腰带上的明线进行同比例缩小，同时右击进行复制（图 1-25）。

（7）使用"形状"工具，将左侧的 2 个节点断开（图 1-26）。

（8）按 Ctrl+K 组合键进行拆分，在空白区域单击进行释放，将左侧的线删掉。

（9）使用"形状"工具进行局部调整，按住 Shift 键单击其他明线，在"参数"属性栏上单击"合并"按钮（Ctrl+L），按 Ctrl+K 组合键进行拆分。

图 1-25

选中明线，右击，选择"顺序"→"到图层前面"命令。

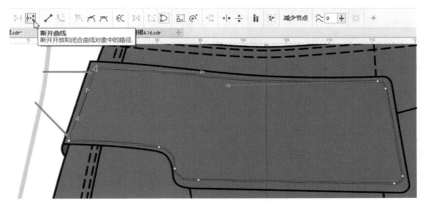

图 1-26

（10）填充后片的颜色。

（11）纽扣绘制。使用"椭圆"工具，按住 Ctrl 键绘制一个正圆。

（12）在"属性"泊坞窗中，选择"填充"→"渐变填充"→"矩形渐变填充"命令（图 1-27）。在颜色滑块上设置颜色，通过拉动拉杆调整颜色位置（图 1-28）。

（13）复制纽扣，在拖曳的同时右击，按 Ctrl+R 组合键重复前面的操作（图 1-29）。

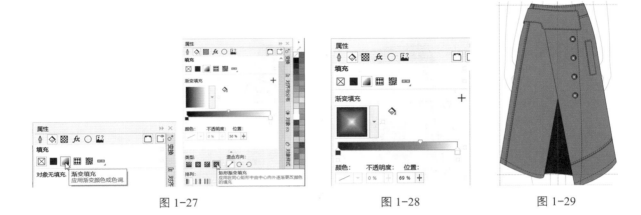

| 图 1-27 | 图 1-28 | 图 1-29 |

（14）复制纽扣拖曳至腰头的位置，使用"封套"工具 将其进行变形（图 1-30）。

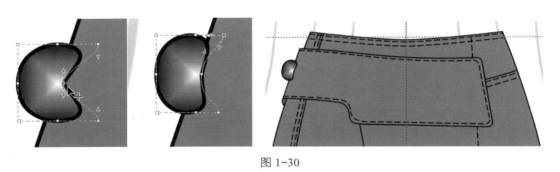

图 1-30

（15）阴影处理。使用"选择"工具选中腰带，再使用"阴影"工具 从上往下拖曳形成阴影（图 1-31）。

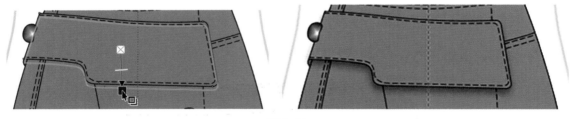

图 1-31

（16）使用"选择"工具选中右裙片，再使用"阴影"工具 从右往左拖曳形成阴影（图 1-32）。

（17）使用"选择"工具选中口袋，并填充颜色。

（18）使用"阴影"工具 ，从左往右拖曳形成阴影（图 1-33）。

图 1-32

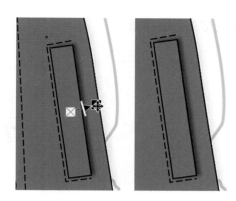

图 1-33

（19）打开"对象"泊坞窗，展开图层，将模特隐藏（图 1-34）。在"查看"菜单中隐藏辅助线，查看整体效果。

图 1-34

1.5.2 工作任务 2：抽褶裙

抽褶裙款式图如图 1-35 所示。任务实施单见表 1-3。

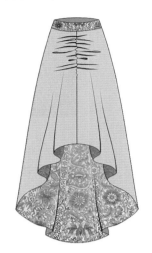

图 1-35

表 1-3 任务实施单

序号	步骤	操作说明	制作标准
1	抽褶裙廓形绘制	借助人台模型和辅助线进行廓形的绘制，使用"矩形"工具绘制封闭图形，使用"形状"工具调整廓形造型	线条流畅清晰，粗细恰当，层次清楚；比例美观协调，符合形式美法则，结构合理，可生产、能穿脱
2	抽褶裙效果绘制（艺术笔工具）	使用"拉链变形"工具绘制中间的抽褶线；使用"艺术笔"工具绘制两侧的褶皱线；使用"对象"→"PowerClip"→"置于图文框内部"命令进行图案填充	褶皱表现得当，有层次感；充分体现服装廓型、比例和结构特征，绘图规范；图案表现自然

1.5.2.1 廓形绘制

（1）将人台模型复制到软件中，右击，选择"锁定"命令（图 1-36）。

（2）从标尺上拖曳出辅助线，如在腰围、裙长、裙摆的宽度等处设置辅助线（图 1-37）。

（3）使用"矩形"工具进行廓形绘制。绘制之前，在"标准"工具栏上，勾选"贴齐"→"辅助线"和"对象"复选框（图 1-38）。

（4）使用"矩形"工具，绘制左裙片。在绘制的过程中可以随时添加辅助线，如裙摆的侧缝，在"参数"属性栏上单击"转换为曲线"按钮，"转换为曲线"按钮的快捷键是 Ctrl+Q（图 1-39）。

（5）使用"调整"工具，根据人体调整裙子的造型。框选所有线，右击，选择"到曲线"命令，将直线转换成曲线，并调整弧线（图 1-40）。

（6）该款裙子的前、后片长度不等长，复制、粘贴形成前片，调整前片的形状。在有褶的位置双击加上节点，调整线的造型，一般 1 个褶要加 2 个节点才能调整造型（图 1-41）。

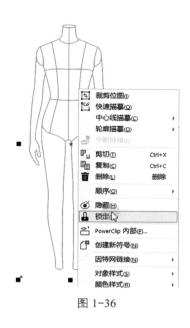

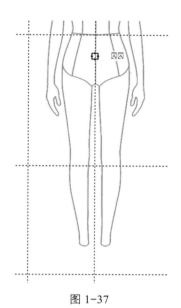

图 1-36　　　　　　　　　　　图 1-37

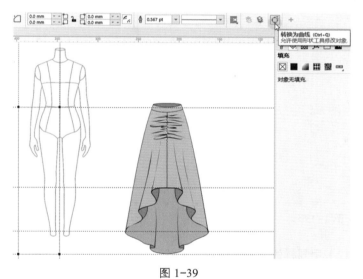

图 1-38　　　　　　　　　　　图 1-39

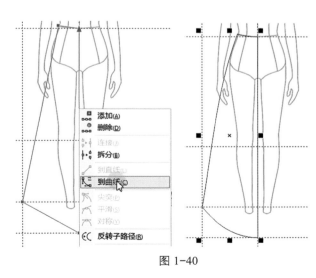

图 1-40　　　　　　　　　　　图 1-41

（7）使用"选择"工具框选所有的线，设置线的粗细，在轮廓笔中将其设置为"随对象缩放"（图1-42）。

（8）使用"钢笔"工具绘制褶的背面和褶线，按F10键切换至"形状"工具进行调整。

注意折线的长度，要有长有短，这样会产生一种韵律感。

左片廓形绘制完成（图1-43）。

（9）按"缩放"快捷键Z（屏幕上出现Z），拉框放大所框选的部位。使用"选择"工具框选左侧所有的对象，按住Ctrl键从左向右拖曳，同时右击，复制出右片（图1-44）。

（10）使用"形状"工具，将右前片中的2个节点向左移动，与左前片交叠。

（11）使用"选择"工具，按住Shift键选中左前片和右前片，在"参数"属性栏上单击"焊接"按钮 ⏣ 。

图1-42

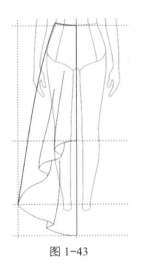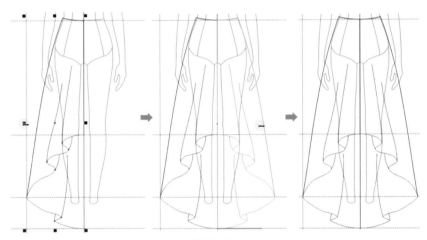

图1-43   图1-44

（12）用同样的方法，使用"形状"工具，将左后片中的2个节点向右移动（通过键盘上的"←""→"键移动），与右后片交叠。

（13）使用"选择"工具，按住Shift键选中左后片和右后片，在"参数"属性栏上单击"焊接"按钮 ⏣ ，前片和后片变为一个左右完整的裙片（图1-45）。

（14）使用"钢笔"工具绘制后腰口和腰头，设置轮廓线的粗细，使用"形状"工具调整造型（图1-46）。

廓形绘制好后，将人台模型隐藏。抽褶裙廓形绘制完成（图1-47）。

1.5.2.2 抽褶效果绘制

（1）使用"钢笔"工具绘制前中线。

（2）使用"形状"工具，在需要抽褶的部位双击加上节点，右击，选择"拆分"命令（图1-48）。

再按Ctrl+K组合键进行拆分  ，把整条直线拆分成两段。

（3）选中上面的这一段直线，使用"变形"工具 进行变形，在"参数"属性栏上单击"拉链变形"按钮，将"拉链振幅"设置为 30，将"拉链频率"设置为 30，选中"随机变形""平滑变形""局限变形"选项（图 1-49）。

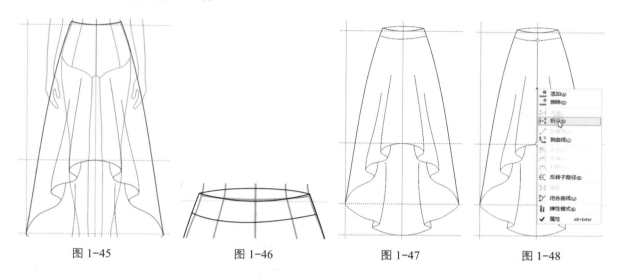

图 1-45　　　　　　　图 1-46　　　　　　　图 1-47　　　　　　　图 1-48

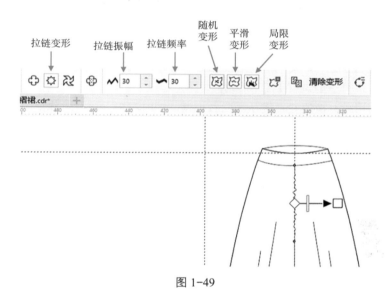

图 1-49

（4）形成的造型可以进行再修改，选中造型，右击，选择"转换为曲线"命令（Ctrl+Q）（图 1-50）。

（5）使用"形状"工具进行调整，设置轮廓的粗细（图 1-51）。

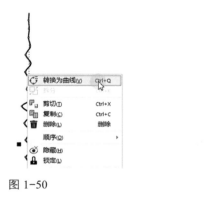

图 1-50

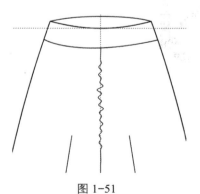

图 1-51

1.5.2.3 褶线绘制与填色

（1）选择"艺术笔"工具，选择"预设笔触"命令，选择相应的笔触样式（图1-52），在相应的位置进行绘制，在绘制过程中可以随时更换笔触样式（图1-53）。

（2）其他部位的褶线也可以设置为艺术笔的笔触样式（图1-54）。

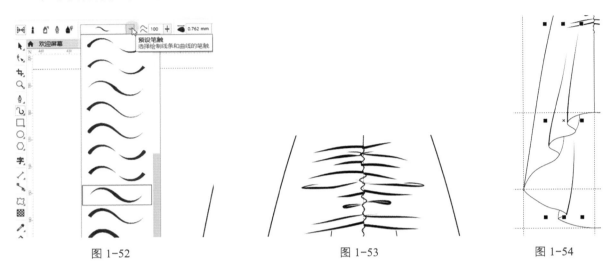

图1-52　　　　　　　　　　　图1-53　　　　　　　　　　　图1-54

（3）小的细节可以重新进行调整，选中褶线，右击，选择"拆分艺术笔组"命令，删掉路径线（图1-55）。

（4）按F10键，进行造型调整（图1-56）。

（5）选中左侧的褶线，按住Ctrl键从左向右拖曳，同时右击，进行对称复制。

抽褶效果和波浪褶线绘制完成（图1-57）。

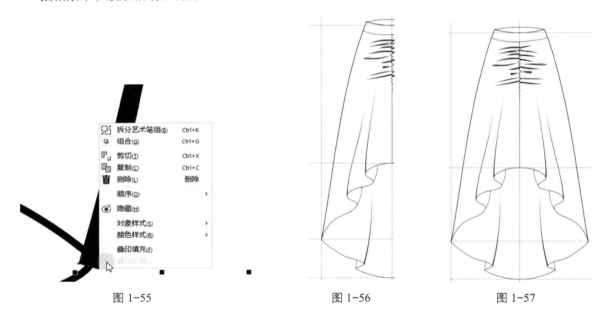

图1-55　　　　　　　　　　　图1-56　　　　　　　　　　　图1-57

（6）使用"智能填充"工具 ，分别填充后腰头、褶背面（图1-58）。

（7）填充前裙片和后裙片颜色（图1-59）。

（8）在"对象"泊坞窗中，按住Shift键选中后腰、褶背面，填充想要的颜色（图1-60）。

（9）把被遮盖的褶线排列到前面（图1-61）。

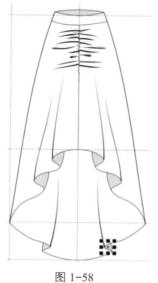

图 1-58

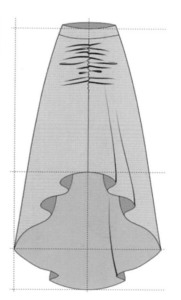

图 1-59

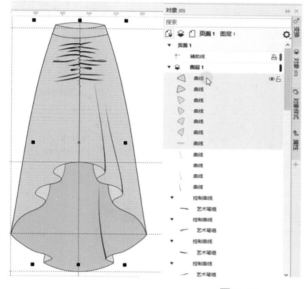

图 1-60

1.5.2.4　图案填充

（1）将图案复制并粘贴到文件中，调整大小，复制备用，单击"垂直镜像"按钮（图 1-62）。

（2）选中图案，选择"对象"→"PowerClip"→"置于图文框内部"命令，填充至裙子的后片，单击"编辑"按钮，调整位置，在"属性"泊坞窗中单击"透明度"按钮，选择"渐变透明度"命令，调整透明的位置，单击"完成"按钮（图 1-63）。

（3）按 Shift 键选中褶的背部，选择"均匀透明度"命令（图 1-64）。

（4）使用"智能填充"工具生成腰部的闭合造型。

选中图案，选择"对象"→"PowerClip"→"置于图文框内部"命令，填充到腰部，单击"编辑"按钮，移动图案，调整大小，单击"完成"按钮，图案填充完成（图 1-65）。

视频：抽褶裙
图案填充

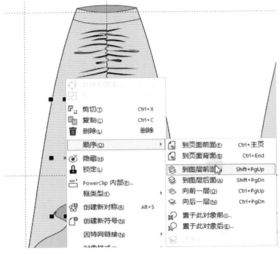

图 1-61

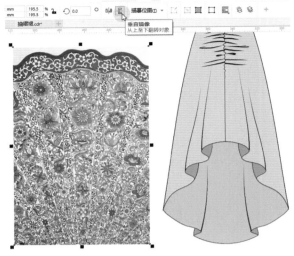

图 1-62

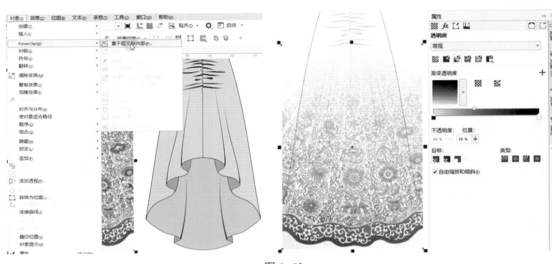

图 1-63

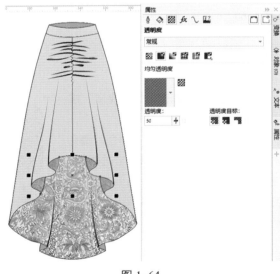

图 1-64

图 1-65

1.5.3　工作任务 3：双层波浪褶裙

双层波浪褶裙如图 1-66 所示。任务实施单见表 1-4。

图 1-66

表 1-4　任务实施单

序号	步骤	操作说明	制作标准
1	第一层波浪褶绘制	使用"矩形"工具和"形状"工具绘制造型；使用"钢笔"工具绘制褶线，"转换为对象"后调整成有韵律感的褶线	比例美观协调，符合形式美法则，结构合理，可生产、能穿脱；线条流畅清晰，粗细恰当，层次清楚；褶皱表现得当，有层次感
2	裙片分割	使用"修剪"工具进行样片的分割	充分体现服装廓型、比例和结构特征，绘图规范
3	颜色及图案填充	使用"对象"→"PowerClip"→"置于图文框内部"命令进行颜色及图案填充	色彩搭配协调，图案表现自然

1.5.3.1　第一层波浪褶

（1）使用"矩形"工具绘制一个矩形，在"参数"属性栏上单击"转换为曲线"按钮。

（2）使用"形状"工具调整造型，框选所有的线，在"参数"属性栏上单击"转换为曲线"按钮，调整形状（图 1-67）。

（3）在需要做波浪褶的位置双击加节点，一个褶需要加两个节点，调整造型（图 1-68）。

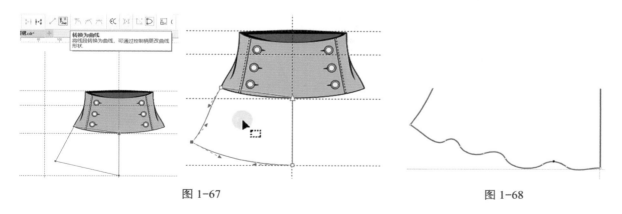

图 1-67　　　　　　　　　　　　　　　　图 1-68

框选新添加的六个节点，在"参数"属性栏上单击"尖突节点"按钮，调整每个节点，通过拉杆调整造型（图 1-69）。

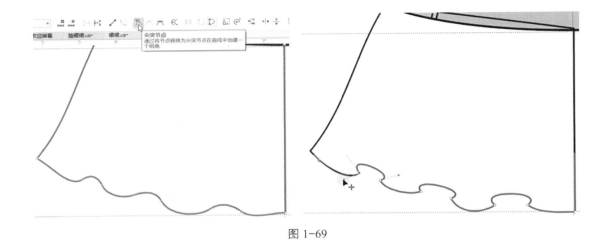

图 1-69

（4）使用"钢笔"工具绘制褶线（图 1-70）。

（5）使用"形状"工具，单击褶线，按 Shift+Ctrl+Q 组合键，将其转化为对象，编辑褶线的造型（图 1-71）。

（6）使用"钢笔"工具绘制褶的背面（图 1-72）。

（7）使用"智能填充"工具填充褶的背面（图 1-73）。

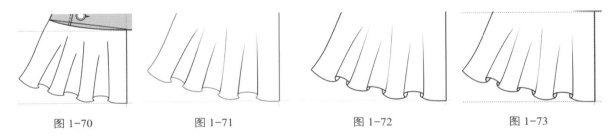

| 图 1-70 | 图 1-71 | 图 1-72 | 图 1-73 |

（8）使用"选择"工具框选褶背面的对象，填充左片的颜色。

（9）框选左边全部对象，右击，选择"顺序"→"到图层后面"命令（图 1-74）。

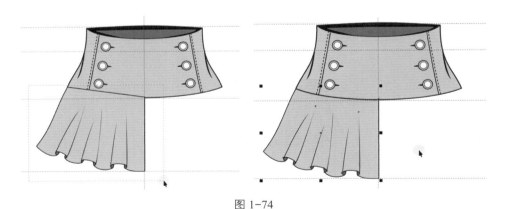

图 1-74

（10）按住 Ctrl 键从左向右拖曳，同时右击，进行镜像复制。

（11）使用"形状"工具，框选右前片中的两个节点，使用键盘上的"←"键将其向左移动，与左片进行交叠。

（12）使用"选择"工具，按住 Shift 键选中左片和右片，单击"焊接"按钮，这样左、右片就变成完整的裙片了（图 1-75）。

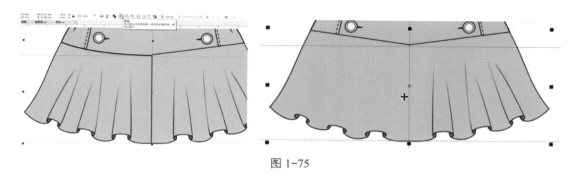

图 1-75

（13）右击，选择"顺序"→"到图层后面"命令（图 1-76）。

（14）将褶线和褶的后部框选中并进行"组合对象"（图 1-77）。

（15）将上半部分"取消组合对象"（图 1-78）。

（16）框选上半部分的部件，按住 Shift 键单击分割线取消选择，将纽扣、褶线、明线选中并"组合对象"，在"对象"泊坞窗中单击"隐藏"按钮（图 1-79）。

（17）使用"智能填充"工具  生成两侧的闭合图形（图 1-80）。

图 1-76

图 1-77

图 1-78

图 1-79

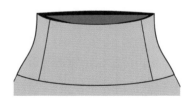

图 1-80

（18）将褶线等组合对象"显示"，并且排列一下顺序，放置到最上面（图1-81）。

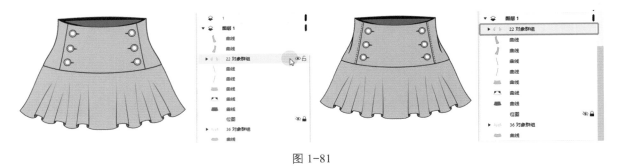

图 1-81

1.5.3.2　裙片分割

（1）使用"钢笔"工具绘制分割线，根据褶的起伏进行绘制，分割线可绘制得长一些，调整一下造型（图1-82）。

（2）分割线绘制好之后，移动的同时右击进行复制（图1-83）。

（3）调整分割线的长度，按住Shift键同比例向中心进行缩放，使分割线与褶的造型吻合（图1-84）。

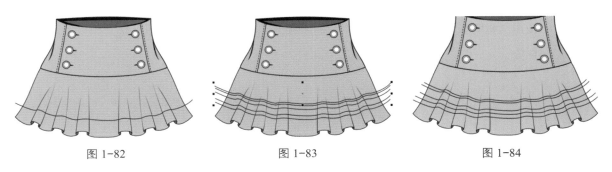

图 1-82　　　　　　　　　　图 1-83　　　　　　　　　　图 1-84

（4）选中最下面的分割线，按住Shift键后选中裙片，单击"修剪"按钮删除分割线，单击"拆分"按钮（图1-85）。

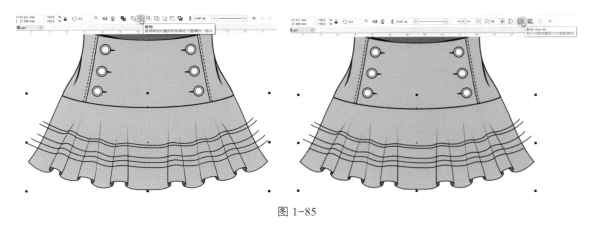

图 1-85

（5）用同样的方法，按住Shift键选中第二条分割线和裙片，单击"修剪"按钮，再单击"拆分"按钮删除分割线。

（6）依次完成所有的分割（图1-86）。

图 1-86

1.5.3.3　颜色及图案填充

（1）对各部位进行颜色填充（图 1-87）。

（2）选择一个彝族图案进行"复制"，在裙子文件中"粘贴"，调整其大小，复制备用，选中图案，选择"对象"→"PowerClip"→"置于图文框内部"命令，填充到分割部位（图 1-88）。

（3）选中图案，选择"对象"→"PowerClip"→"置于图文框内部"命令，填充到腰部侧面，单击"编辑"按钮，调整大小和位置，单击"完成"按钮（图 1-89）。

图 1-87　　　　　　　　　　　图 1-88　　　　　　　　　　　图 1-89

（4）左边完成之后，按住 Ctrl 键从左向右拖曳控制点，同时右击进行水平翻转复制，移动到合适的位置，调整前后顺序（图 1-90）。

（5）框选过腰部分，进行"组合对象"。

（6）框选裙摆，向下移动，同时右击进行复制，按住 Shift 键向两侧拖曳，按 Shift+PgDn 组合键，将其放置在图层最下面（图 1-91）。

图 1-90　　　　　　　　　　　　　　图 1-91

（7）框选所有图形，单击"创建边界"按钮，将边界图形的轮廓设置为 1 pt，并且在"对象"泊坞窗中将创建的边界图形移动至图层最下面（图 1-92）。

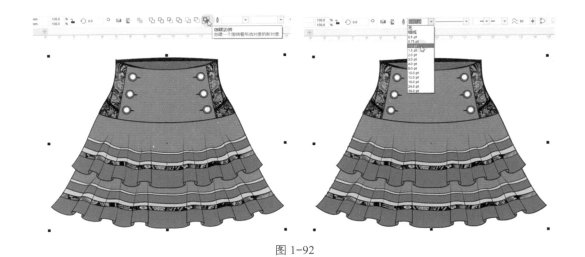

图 1-92

（8）选中裙摆上的装饰条，将轮廓设置为"细线"（图 1-93）。

图 1-93

1.5.4　工作任务 4：牛仔裤

牛仔裤款式图如图 1-94 所示。任务实施单见表 1-5。

图 1-94

表 1-5　任务实施单

序号	步骤	操作说明	制作标准
1	牛仔裤廓形绘制	借助辅助线进行牛仔裤的廓形绘制；使用"矩形"工具绘制封闭图形，使用"形状"工具调整廓形造型	充分体现服装廓型、比例和结构特征，绘图规范；比例美观协调，符合形式美法则，结构合理，可生产、能穿脱
2	牛仔裤口袋、裤衪、明线绘制	使用"钢笔"工具绘制造型，借助"对象样式"选项设置轮廓样式	线条流畅清晰，粗细恰当，层次清楚
3	牛仔裤磨白、猫须、破洞绘制	使用"混合"工具制作水洗磨白效果；将磨白调整大小、旋转，形成猫须；通过"变形"工具制作破洞效果	绘图规范，充分体现服装工艺和结构特征，磨白、猫须、破洞等工艺效果表现得当，有层次感
4	牛仔裤面料绘制	使用"混合"工具绘制牛仔面料斜纹肌理	充分体现面料肌理，能根据面料的质地、性能恰当地表现服装风格和款式造型
5	牛仔裤打结、纽扣效果绘制	使用"椭圆"工具和"渐变填充"工具进行纽扣绘制；使用"拉链变形"工具进行打结效果绘制	辅料质地表现充分，打结效果符合工艺特点，表现恰当

1.5.4.1 廓形绘制

（1）在属性栏中将单位改为"厘米"（图1-95）。

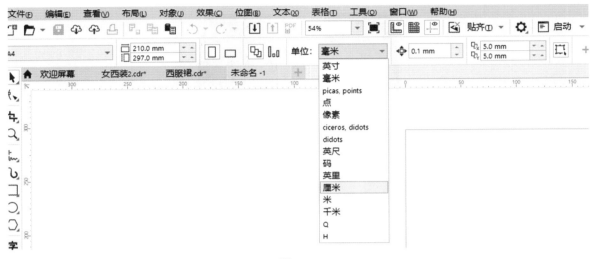

图1-95

（2）双击水平标尺或垂直标尺（图1-96），弹出"文档选项"对话框，向下拉动滚条，单击"编辑缩放比例"按钮（图1-97），弹出"绘图比例"对话框，将实际距离改成"5"（图1-98），单击"OK"按钮，在"文档选项"对话框中也单击"OK"按钮，这样就将页面设置成1∶5的比例了。

图1-96

（3）从标尺左上角的位置按住鼠标左键拖曳，将原点设置到页面的新位置（图1-99）。

（4）再次双击水平标尺或垂直标尺，弹出"文档选项"对话框，在左侧单击"辅助线"按钮，在上方单击"Horizontal"按钮，在"Y"处分别输入数值0，1，-2，-6，-26，-94（裤长），-95，单击"添加"按钮，即可添加水平辅助线（图1-100）；单击"Vertical"按钮，在"X"处分别输入数值0，-3，-15，-16，-20，单击"添加"按钮，即可添加垂直辅助线（图1-101）。

（5）将辅助线设置好之后，在属性栏中"贴齐"下拉列表中勾选"辅助线"复选框（图1-102）。

图 1-97

图 1-98

图 1-99

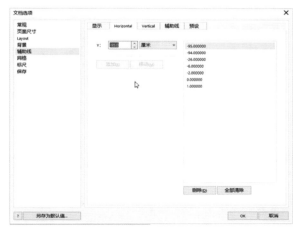

图 1-100

图 1-101

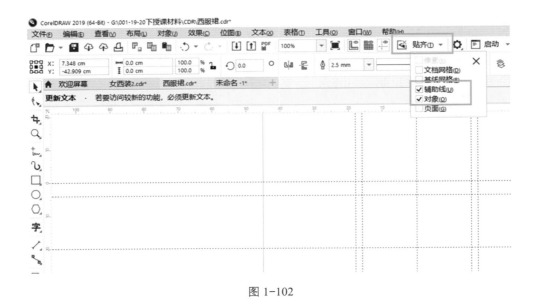

图 1-102

（6）使用"矩形"工具绘制一个矩形，将轮廓线的宽度设置为 8 pt，在"参数"属性栏上单击"转换为曲线"按钮（图 1-103）。

（7）使用"形状"工具调整矩形的形状，"形状"工具的快捷键是 F10。

（8）使用"钢笔"工具绘制腰头，将轮廓线的宽度设置为 8 pt，右击，选择"对象样式"→"从以下项新建样式"→"轮廓"命令，新建样式名称为 8 pt（图 1-104）。

（9）对裤片进行复制，分别单击侧缝上、下两端端点，在属性栏上单击"断开"按钮，或者右击选择"拆分"命令（图 1-105）。

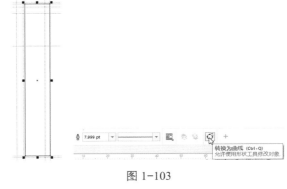

图 1-103

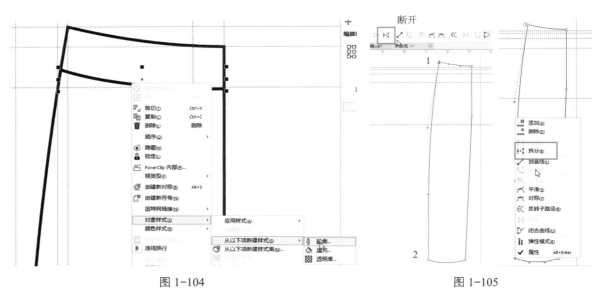

图 1-104   图 1-105

（10）选择"选择"工具，选中廓形，在属性栏上单击"拆分"按钮（图 1-106）。

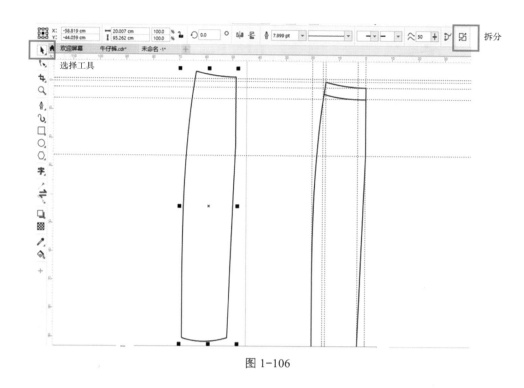

图 1-106

（11）拆分完后使用"选择"工具，在空白处单击，将需要的线移动至所需的位置。使用"形状"工具双击加一个节点，双击上面的节点将其删除，调整其他位置的造型（图 1-107）。

（12）框选左裤片，在右侧的 CMYK 便捷色中单击白色进行填充（图 1-108）。

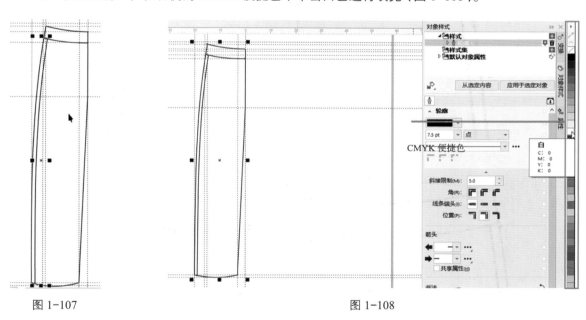

图 1-107　　　　　　　　　　　　　　　　　　　　　图 1-108

（13）在"变换"泊坞窗中选择"缩放和镜像"命令，将对称的点放在右侧，选择"水平镜像"命令，副本为"1"，单击"应用"按钮（图 1-109）。

（14）使用"钢笔"工具绘制后片，结束点和起点闭合，填充白色，右击，选择"顺序"→"到图层后面"命令，将其放置到图层的后面，在对象样式中选择"轮廓 1"样式，单击"应用于选定对象"按钮（图 1-110）。

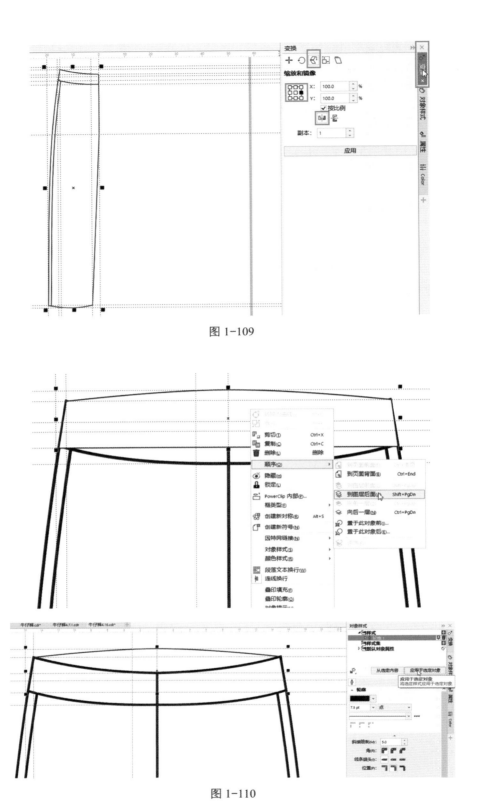

图 1-109

图 1-110

（15）复制前片廓形，按住 Shift 键可以水平进行复制，同时右击，在拖动的同时进行复制。

（16）把新复制的图形作为后裤片，删除多余的结构线（图 1-111）。

（17）选中后片，右击，选择"顺序"→"到图层前面"命令（图 1-112），按下 F10 键切换至"形状"工具，在直线上右击，选择"到曲线"命令，调整后腰造型（图 1-113）。

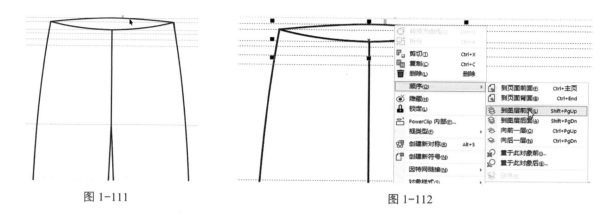

图 1-111   图 1-112

（18）使用"钢笔"工具绘制过腰，在"对象样式"泊坞窗中选择"轮廓1"，应用于选定对象，在"变换"泊坞窗中，执行"水平镜像"命令（图1-114）。

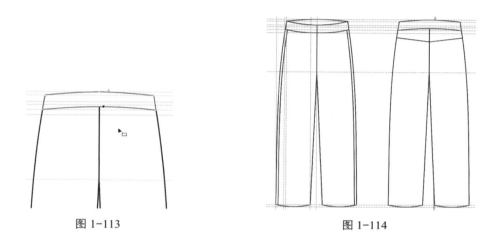

图 1-113   图 1-114

1.5.4.2　口袋、裤衩、明线绘制

口袋绘制

（1）使用"钢笔"工具绘制前片的月牙口袋，按住 Ctrl 键可以随时调整造型，将其设置为"轮廓 1"的样式（图 1-115）。

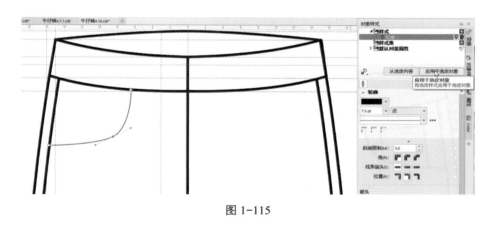

图 1-115

（2）将口袋复制到右边，进行水平镜像，按住 Shift 键可以进行水平移动（图 1-116）。

（3）使用"矩形"工具绘制前片的左侧小口袋，设置为"轮廓1"的样式，转换为曲线，按F10键切换至"形状"工具，右击进行拆分，双击多余的节点将其删除（图1-117）。

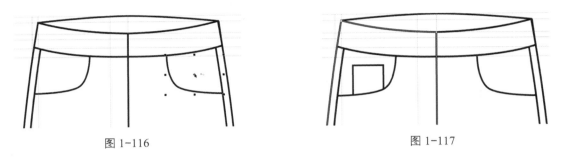

图1-116　　　　　　　　　　　　　　　　　　图1-117

（4）使用"选择"工具，双击进行旋转，把旋转的中心点放在左下角，旋转并移动位置（图1-118）。

（5）在后裤片绘制一个矩形，转换为曲线，按F10键切换至"形状"工具，双击添加节点，调整形状，设置为"轮廓1"的样式，可以通过移动、旋转调整位置（图1-119）。

（6）按住鼠标左键进行拖曳，同时右击，在移动的同时进行复制，单击"水平镜像"按钮调整位置，按住Shift键进行水平移动，也可以通过键盘的上、下、左、右键进行移动（图1-120）。

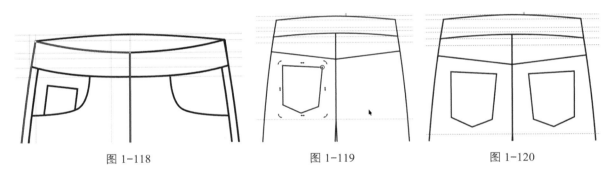

图1-118　　　　　　　　图1-119　　　　　　　　图1-120

裤袢绘制

（1）使用"矩形"工具在前口袋的位置绘制一个矩形轮廓，设置为"轮廓1"的样式，双击进行旋转，调整大小，填充白色。

（2）用"钢笔"工具绘制明线，在"属性"泊坞窗中选择样式，把角设置为圆角，把线条的端点设置为圆端点，把线的粗细设置为5 pt（图1-121）。

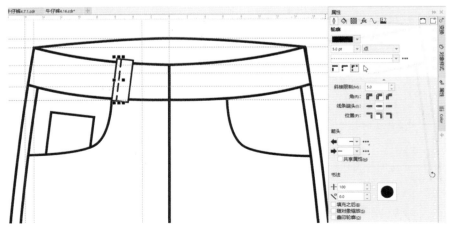

图1-121

如果对系统中的明线样式不满意，还可以进行自定义，通过"编辑线条样式"对话框添加新的明线样式（图1-122）。

（3）选中明线，右击，选择"对象样式"→"从以下项新建样式"→"轮廓"命令，新建样式名称为"明线01"，这样就可以在"对象样式"泊坞窗中直接选用了（图1-123）。

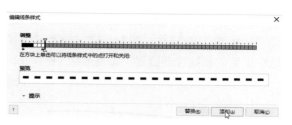

图 1-122

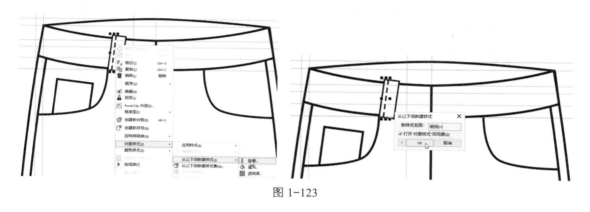

图 1-123

（4）对刚才设置的明线进行拖曳并复制。

（5）框选裤袢所有对象，右击，进行"组合"（图1-124）。

（6）通过移动、复制、水平镜像等方式完成其他位置裤袢的绘制（图1-125）。

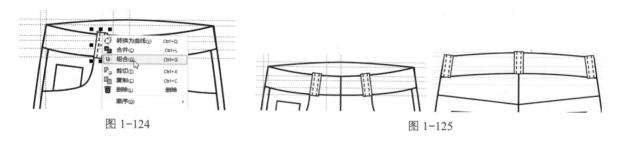

图 1-124　　　　　　　　　　　　　　　　　　图 1-125

明线绘制

（1）将月牙口袋的轮廓线拖曳并进行复制，将其设置为"明线01"的样式，使用"形状"工具对其进行调整（图1-126）。

（2）侧缝处的明线：对这个前片的分割线进行复制，用"形状"工具在相应的位置上双击添加节点，双击下端节点将其删除，将其设置为"明线01"的样式。

注意这条明线的长度在腰和臀的2/3处（图1-127）。

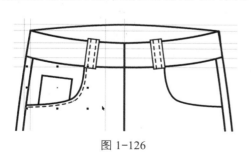

图 1-126

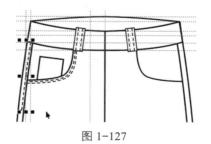

图 1-127

（3）小口袋处的明线：选中小口袋，按住 Shift 键同时向里拖曳，并且右击进行复制，将其设置为"明线 01"的样式，按 F10 键切换至"形状"工具进行拆分，按 Ctrl+K 组合键进一步进行拆分，选中上面的明线移动位置，调整形状（图 1-128）。

（4）拖曳左侧的明线并右击，进行水平镜像放置到相应位置（图 1-129）。

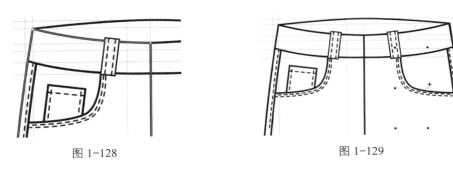

图 1-128   图 1-129

（5）脚口处的明线使用"钢笔"工具进行绘制，将其设置为"明线 01"的样式。

（6）选中过腰的分割线进行拖曳并复制，将其设置为"明线 01"的样式。

（7）后口袋的明线：选中后口袋，按 Shift 键向里拖曳，同时右击，将其设置为"明线 01"的样式。

（8）按 F10 键切换至"形状"工具进行拆分，按 Ctrl+K 组合键进一步拆分，释放所有对象，将最上面的明线向下拖曳，调整其长度（图 1-130），复制并水平镜像形成右口袋明线（图 1-131）。

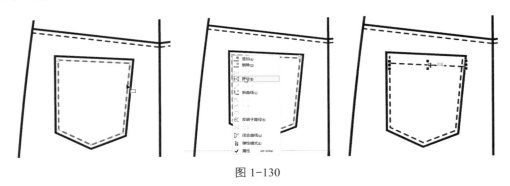

图 1-130

（9）门襟处的明线：使用"钢笔"工具绘制一条直线，将其设置为"明线 01"的样式，通过键盘上的方向键调整位置（图 1-132）。

（10）用同样的方法绘制门襟弧线、腰口弧线（图 1-133）。

图 1-131   图 1-132   图 1-133

（11）用同样的方法完成其他部位明线的绘制（图 1-134）。

1.5.4.3　磨白、猫须、破洞绘制

（1）在"查看"菜单中将辅助线隐藏。

（2）框选前、后片的廓形，在"属性"泊坞窗中选择"填充"命令，分别输入 C:100，M:74，Y:39，K:2（图 1-135）。

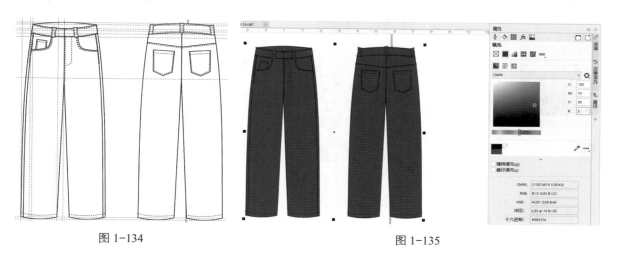

图 1-134　　　　　　　　　　　　　　图 1-135

（3）明线的设置：按住 Shift 键选择所有明线，在"属性"泊坞窗中选择"轮廓"命令，分别输入 C:13，M:55，Y:100，K:0，右击，选择"组合"命令，组合选中的明线（图 1-136）。

（4）磨白效果的处理。在裤腿上绘制一个椭圆，用"颜色滴管"工具吸取裤片的颜色，填充至椭圆。

按住 Shift 键在椭圆的左上角拖曳的同时右击，在缩小的同时复制一个同心的小椭圆（图 1-137）。

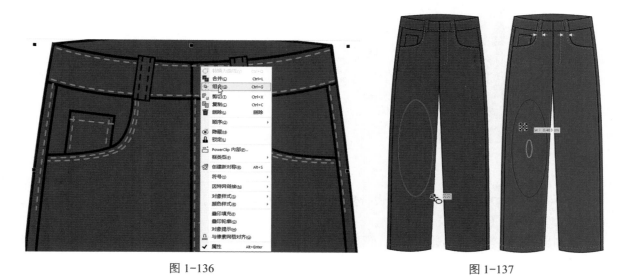

图 1-136　　　　　　　　　　　　　　图 1-137

在"属性"泊坞窗中选择"填充"命令，单击颜色右边的下三角，单击"颜色滴管"按钮吸取大椭圆的颜色，在颜色框中选择一个稍微亮一点的颜色填充至小椭圆（可参考图 1-138 所示 CMYK 的数值）。

使用"混合"工具 在小椭圆上单击并进行拖曳（图 1-139）。

在右侧的 CMYK 便捷色中，右击选择"无颜色"，将轮廓设为无颜色，磨白效果完成（图 1-140）。

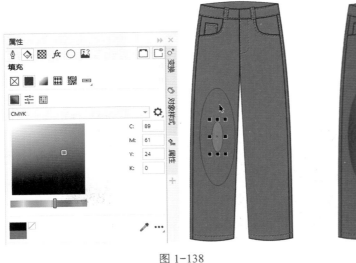

图 1-138   图 1-139   图 1-140

（5）使用"选择"工具进行形状调整，双击进行旋转。

（6）按住鼠标左键拖曳，同时右击，复制出右边的磨白，在"变换"泊坞窗中选择"缩放和镜像"→"水平镜像"命令，设置"副本"为"0"，单击"应用"按钮（图 1-141）。

图 1-141

（7）猫须制作方法：对磨白效果进行复制，调整其大小、形状，将其旋转并放置到大腿根部，调整其大小、位置（图 1-142）。

复制出另外两条猫须，进行旋转，调整位置，可以进行缩小，完成后观看效果，猫须的长度可以长短不一。框选左侧的猫须拖曳并右击进行复制，猫须制作完成（图 1-143）。

（8）破洞绘制：使用"钢笔"工具，按住 Shift 键绘制一条垂直线。

使用"变形"工具，选择"拉链变形"选项，在"拉链振幅"框中输入"50"，在"拉链频率"框中输入"30"，选择"随机变形""平滑变形""局限变形"选项（图 1-144）。

在"属性"泊坞窗中将轮廓的粗细设置为 7 pt，将其进行缩小。吸取猫须上面的颜色进行填充，颜色也可以再稍微浅一点（图 1-145）。

在"属性"泊坞窗中，设置轮廓的属性，勾选"随对象缩放"复选框，这样在放大缩小时不会变形（图 1-146）。

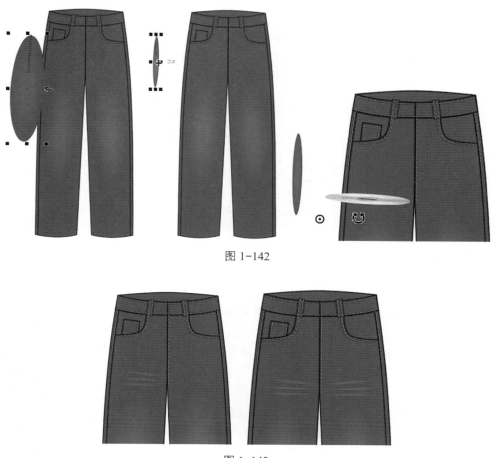

图 1-142

图 1-143

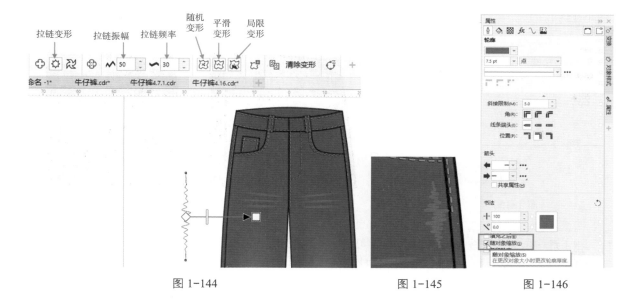

图 1-144　　　　　　　　　　　　图 1-145　　　　　　　　　　图 1-146

1.5.4.4　面料绘制

（1）使用"钢笔"工具绘制一条斜线，设置轮廓宽度为 3.75 pt。

（2）按住鼠标左键向下拖曳，同时右击进行复制，使用"混合（调和）"工具 将两条斜线进行混合，混合对象的步数为 200（图 1-147）。

（3）复制左裤片，在右侧的 CMYK 便捷色中选择"无颜色"选项，将填充设为无颜色。

（4）选择混合的轮廓线，设置轮廓线为浅蓝色，可以选择磨白的颜色，选择"对象"→"Power-Clip"→"置于图文框内部"命令，在复制的左裤片上单击（图 1-148）。

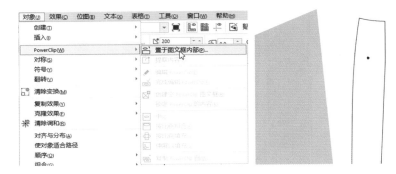

图 1-147　　　　　　　　　　　　　　　　图 1-148

（5）将轮廓设置为无轮廓，将斜纹面料放置到左裤片上（图 1-149）。

（6）调整斜纹面料与明线的顺序，将明线调整到最上面。

（7）选中斜纹面料，在"变换"泊坞窗中选择"缩放和镜像"命令，将对称的点放在右侧，选择"水平镜像"命令，设置"副本"为"1"，单击"应用"按钮（图 1-150）。

（8）将前片的斜纹面料复制到后片，放置到相应的位置，按 F10 键调整上面的造型使其与后裤片吻合（图 1-151）。

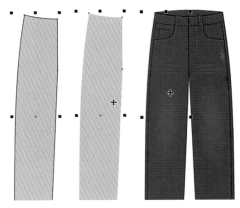

图 1-149

图 1-150　　　　　　　　　　　　　　　图 1-151

（9）选中所有的明线，右击，选择"顺序"→"到图层的前面"命令。

（10）选中做裤片的斜纹面料，在"变换"泊坞窗中选择"缩放和镜像"命令，将对称的点放在右侧，选择"水平镜像"命令，设置"副本"为"1"，单击"应用"按钮。

1.5.4.5　纽扣、打结

纽扣绘制

（1）使用"椭圆"工具，按住 Ctrl 键，绘制一个正圆，按住 Shift 键向里缩小，同时右击，复制一个同心圆，按照同样的方法复制同心圆。

（2）将四个同心圆分别设置成不同的颜色。

（3）最上面的三个椭圆：在右侧的 CMYK 便捷色中，右击选择"无轮廓"命令（图 1-152）。

（4）最上面的同心圆：使用"渐变填充"命令，选择椭圆形渐变填充在滚条上，选择深的颜色（图 1-153）。

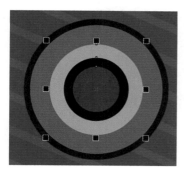
图 1-152

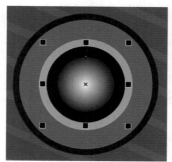

图 1-153

（5）框选所有的椭圆，在"属性"泊坞窗中设置轮廓的属性，勾选"随对象缩放"复选框，这样在放大缩小时不会变形（图 1-154）。

（6）选择纽扣的所有对象，右击，选择"组合"命令。

（7）复制纽扣，调整大小，分别放置月牙口袋两侧和小口袋两侧（图 1-155）。

图 1-154

图 1-155

打结效果绘制

（1）使用"钢笔"工具绘制一条水平线，选择"变形"工具，选择"拉链变形"选项，设置"拉链振幅"为 30，"拉链频率"为 20，按 Enter 键（图 1-156）。

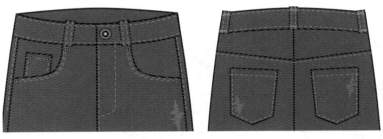

图 1-156

（2）将其缩小，放置到牛仔裤相应位置，设置其颜色与明线的颜色相同，调整大小，复制一个备用，双击进行旋转。

（3）将打结分别放置在裤袢的两端，用同样的方法绘制后片裤袢上的打结效果（图 1-157）。

图 1-157

（4）按 F4 键切换至全屏显示，查看整体效果。

1.6 拓展训练

1. 磨白效果的绘制方法可以运用到哪些服装效果中？

2. 打结效果的绘制方法可以运用到哪些服装效果中？

3. 将磨白和打结效果拓展到其他服装款式中，并结合右侧二维码中的款式图进行训练。

拓展训练款式图

1.7 学习评价

项目 1 学习评价表见表 1-6。

表 1-6 项目 1 学习评价表

评价指标		评价标准			评价方式		
		优	良	合格	自评（15%）	互评（15%）	教师评价（70%）
工作能力（45%）	分析能力（10%）	能正确分析订单需求和款式特点，正确合理地选择使用工具	能正确分析订单需求和款式特点，较好地选择使用工具	能分析订单需求和款式特点			
	实操能力（25%）	能准确地利用软件的工具，制订详细的款式绘制操作步骤	能准确地利用软件的工具，制订款式绘制操作步骤	能准确地利用软件的工具，制订部分款式绘制操作步骤			
		相关工具操作规范，正确进行款式绘制，合理完成全部内容的绘制	相关工具操作规范，较正确地进行款式绘制，合理完成全部内容的绘制	相关工具操作相对规范，进行款式绘制，完成部分内容的绘制			
	合作能力（10%）	能与其他组员分工合作；能提出合理见解和想法	能与其他组员分工合作；能提出一定的见解和想法	能与其他组员分工合作			
学习策略（10%）	学习方法（5%）	格式符合标准，内容完整，有详细记录和分析，并能提出一些新的建议	格式符合标准，内容完整，有一定的记录和分析	格式符合标准，内容较完整			
	自我分析（5%）	能主动倾听、尊重他人意见	能倾听、尊重他人意见	能倾听他人意见			
		能很好地表达自己的看法	能较好地表达自己的看法	能表达自己的看法			
		能从小组的想法中提出更有效的解决方法	能从小组的想法中提出可能的解决方法	偶尔能从小组的想法中提出自己的解决方法			
成果作品（45%）	规范性（15%）	作品制作非常规范	作品制作规范	作品制作相对规范			
	标准化（15%）	作品整体符合企业产品标准	作品大部分符合企业产品标准	作品局部符合企业产品标准			
	创新性（15%）	作品具有很好的创新性	作品具有较好的创新性	作品有一定的创新性			

✂ 项目 2
衬衫款式绘制

2.1　项目导入

项目 2 任务书见表 2-1。

表 2-1　项目 2 任务书

项目任务书	
项目 来源	某服饰公司的春夏服装产品开发项目
工作 任务	根据企业"春夏服装产品开发项目企划方案"，结合国风潮流的流行趋势，参考以下款式，为企业设计新款式，完成衬衫单品款式图的设计表现 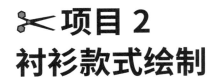 企业的企划方案（部分内容）

续表

	项目任务书
工作 任务	 企业的企划方案（部分内容）（续）
工作 要求	1. 款式造型符合服装结构要求和审美要求； 2. 线稿自然流畅，明暗关系准确； 3. 款式色彩关系明确，画面生动和谐； 4. 画面干净整洁，造型表现生动完整
工作 标准	产品创意设计（中级）职业技能等级标准： 1. 熟练使用设计类的二维表现软件，能对产品创意、产品造型等实施设计表现工作。 2. 能针对产品的材质、颜色、表面纹理等，制作产品创意设计效果图。 3. 在设计方案完成的前提下，能用设计类软件，将产品创意的重点、操作方式、结构特点等内容表达完整。 服装设计师职业技能要求： 1. 能把握服装的比例，正确表达服装的廓形及内部结构。 2. 能表现服装的色彩搭配与面料质感。 3. 能使用 Photoshop、CorelDRAW、Illustrator 等计算机软件绘制服装款式图。 服装设计与工艺技能大赛评分要点： 　1. 款式图表达技法：服装款式图线条流畅清晰，粗细恰当，层次清楚；比例美观协调，符合形式美法则；结构合理，可生产、能穿脱。 　2. 计算机款式图绘制：充分体现服装廓型、比例、工艺和结构特征，绘图规范，图面干净，线迹清爽。 　3. 色彩与面料：色彩搭配协调，注意流行色的运用，表现得当，有层次感，充分体现面料肌理；能根据面料的质地、性能恰当地表现服装风格和款式造型。 　4. 设计说明：清晰表述服装设计风格、流行趋势元素的运用，以及服装造型、结构、面料、色彩、工艺的特点。 　5. 整体效果：服装整体搭配恰当

2.2　任务思考

问题 1　扫描右侧二维码观察衬衫款式图，分析款式特点是什么，每个款式包含哪些工艺方法。

问题 2　扫描右侧二维码观察衬衫款式图，分析衬衫款式图的立体效果是通过什么表现手法表达的。

衬衫款式图

2.3　知识准备

1. 虚拟段删除

（1）删除虚拟线段：选择"虚拟段删除"工具，将指针移至要删除的线段，然后单击该线段（图 2-1）。

（2）同时删除多条线段：在要删除的所有线段周围拖出一个选取框，按住 Ctrl 键将该选取框限制为方形（图 2-2）。

2. 艺术笔 ∿

（1）添加自定义喷涂笔刷：绘制图形，并单击"组合对象"按钮（图 2-3）。

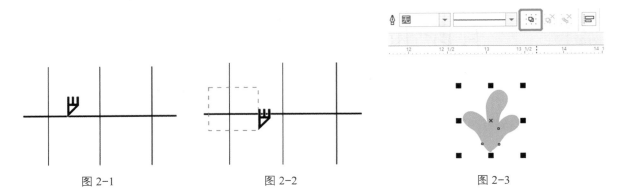

图 2-1   图 2-2   图 2-3

在工具箱中找到"艺术笔"工具 ∿，单击属性栏上的"喷涂"按钮，并单击图形进行激活。在属性栏上找到"添加到喷涂列表"按钮并单击（图 2-4）。

图 2-4

在新的自定义列表中，可以找到刚刚创建的艺术笔图形，选择并拖动鼠标绘制即可得到效果，可通过调整"每个色块中的图像数和图像间距"调整分布间距（图 2-5）。

（2）添加自定义艺术笔刷：使用"艺术笔"工具，选择"笔刷"，再单击"保存艺术笔触"按钮，进行文件命名后保存（图 2-6）。

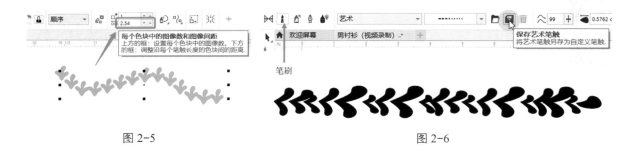

图 2-5   图 2-6

案例见"2.5.1.3 传统植物图案绘制"。

2.4 素养提升

通过阅读中国色彩体系和扎染的相关内容，感受中国传统服饰文化，对中国传统服饰文化进行传承并发扬光大，增强民族自信。

品中国传统服饰文化——中国色彩体系（五彩斑斓的中国色）

中国传统服饰文化——中国色彩体系（五彩斑斓的中国色）

中国的传统色彩文化是中国传统文化的重要组成部分，扫描右侧二维码阅读文章，思考并探讨以下问题。

1. 中国色彩体系的特点是什么？
2. 中国古代的染料成分是什么？

中国传统工艺——扎染

品中国传统工艺——扎染

扎染是我国历史悠久的染色工艺，它以其独特的民族魅力深深吸引着各大服装品牌的设计师，扫描右侧二维码阅读文章，思考并探讨以下问题。

1. 扎染的制作工艺是什么？
2. 扎染在服饰品中的应用是怎样的？

2.5 任务实施

任务描述

以男衬衫和女衬衫为工作任务对象，进行渲染、传统植物图案、扎染工艺等效果，以及衬衫款式的绘制。

任务目标

（1）**素质目标**：感受中国传统服饰文化，对中国传统服饰文化进行传承并发扬光大；引导学生树立正确的人生观、价值观和责任意识；树立规则意识，培养精益求精、追求信誉与品质的职业道德。

（2）**知识目标**：掌握 CorelDRAW 2019 版本相关工具的使用方法，包括删除虚拟段、创建艺术笔、拉链变形、渐变填充。

（3）**能力目标**：能够熟练使用 CorelDRAW 2019 版本的工具，能够绘制任意款式的衬衫款式图。

实施准备

只有了解男、女衬衫款式的特点，在绘制服装款式图时才能准确表现各部位的结构。

1. 男衬衫款式分析

男衬衫作为男士服装的重点单品之一，是每季产品开发中必不可少的款式，扫描右侧二维码观看视频，思考并探讨以下问题。

（1）男衬衫基本款的特点是什么？

（2）男衬衫的变化设计体现在哪些方面？

视频：男衬衫
款式分析

2. 女衬衫款式分析

女式衬衫是实用主义的代表单品，它以简约的廓形、流行的元素深受消费者的喜爱，也成为设计师们的设计重点，扫描右侧二维码观看视频，思考并探讨以下问题。

（1）从的确良衬衫的故事思考服装流行趋势与哪些因素有关。

（2）女衬衫的变化设计体现在哪些方面？

视频：女衬衫
款式分析

2.5.1　工作任务 1：男衬衫

男衬衫款式图如图 2-7 所示。任务实施单见表 2-2。

图 2-7

表 2-2　任务实施单

序号	步骤	操作说明	制作标准
1	男衬衫廓形绘制	借助男子人台模型进行廓形绘制；使用"钢笔"工具绘制左侧廓形线；通过水平翻转复制右廓形	比例美观协调，服装廓形及内部结构符合形式美法则，结构合理，可生产、能穿脱；线条流畅清晰，粗细恰当，层次清楚
2	男衬衫渲染效果面料制作	使用"变形"工具中的"拉链变形"选项绘制色彩过渡部位；使用"修剪"选项进行造型分割；运用"渐变"和"高斯式模糊"选项制作渲染效果	面料肌理体现充分；能根据面料的质地、性能恰当地表现服装风格和款式造型
3	男衬衫传统植物图案绘制	运用"添加自定义艺术笔刷"工具绘制植物图案	图案表现自然，工具运用合理
4	男衬衫面料、图案填充	运用"创建边界"和"智能填充"工具生成闭合区域；再通过"对象"→"Power Clip"→"置于图文框内部"命令填充面料和图案	色彩搭配协调，画面效果整体性强

2.5.1.1　男衬衫廓形绘制

（1）男衬衫廓形绘制：利用男子人台模型进行廓形绘制。

（2）将模型复制到软件中，右击，选择"锁定"命令（图 2-8）。

（3）在"标准"工具栏上勾选"辅助线"复选框（图 2-9）。

（4）设置辅助线：从左侧标尺上拖曳一条垂直辅助线，放置到前中的位置，在上侧水平标尺上拖曳水平辅助线，分别在袖口、衣长等关键部位设置辅助线（图2-10）。

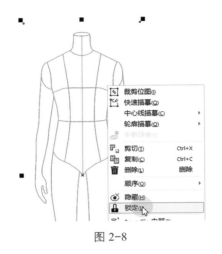

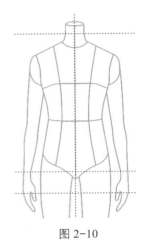

图2-8　　　　　　　　　　　　　　图2-9　　　　　　　　　　　　　　图2-10

（5）使用"钢笔"工具绘制廓形，在前中位置绘制时，按住鼠标左键进行拖曳，此时按住Shift键可以保持线的水平，在转折点按下Alt键，可以切换折线，按住Ctrl键在空白区域单击即可结束一段线的绘制，按Ctrl+Z组合键可进行后退撤销（图2-11）。

（6）使用"虚拟段删除"工具删除多余线段。

（7）使用"钢笔"工具绘制明线，使用"选择"工具选中需要设置明线的实线，在"轮廓"属性中设置角为"圆角线条"，线条端头为"圆形端头"，并选择线条样式（图2-12）。

其他部位的明线可使用"合并"的方式进行设置，选中需要设置的实线，按住Shift键再选中已经设置好的明线，先单击"合并"按钮，再单击"拆分"按钮（图2-13）。

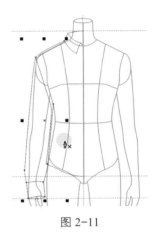

图2-11

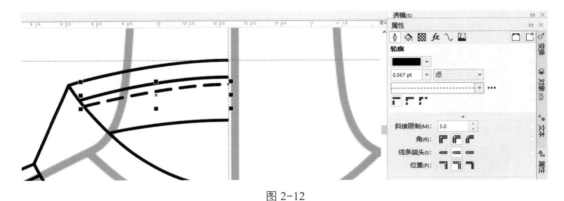

图2-12

（8）左侧廓形绘制完成后，在"对象属性"泊坞窗中把人台模型隐藏。

（9）使用"选择"工具选中左侧廓形，将鼠标放在左侧控制点，按住Ctrl键向右拖曳，同时右击，进行水平翻转复制（图2-14、图2-15）。

图2-13

（10）使用"钢笔"工具绘制领子，按住 Shift 键可绘制垂直线段，按 F10 键切换至"形状"工具，对造型可进行局部调整（图 2-16）。

（11）使用"椭圆"工具绘制纽扣：按 Ctrl 键绘制正圆，在移动的同时右击进行复制，按 Ctrl+R 组合键可重复以上操作。

（12）框选左侧袖口纽扣，按住 Ctrl 键从左向右拖曳控制点，同时右击，水平翻转复制，在移动的同时按住 Shift 键可以进行水平移动，可通过键盘上的左、右键进行局部移动（图 2-17）。

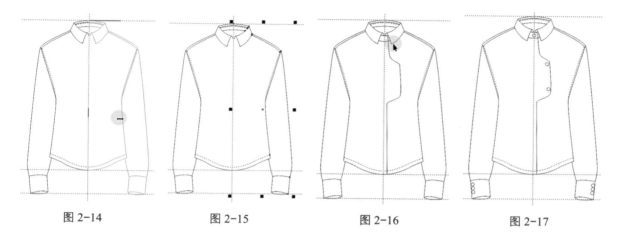

图 2-14　　　　　　图 2-15　　　　　　图 2-16　　　　　　图 2-17

（13）廓形绘制好之后，在"查看"菜单里把辅助线隐藏（图 2-18）。

（14）为了便于后期操作，下面进行图层的设置。

在"对象"泊坞窗中，双击"图层 1"将其命名为"轮廓"；

单击"新建图层"，双击命名为"内部结构"，按 Enter 键确定；

再新建一个图层，双击命名为"颜色"，按 Enter 键确定（图 2-19）；

对三个图层进行顺序的设置，将"轮廓"图层放在中间，将"颜色"图层放在最下面，将"内部结构"图层在最上层（图 2-20）。

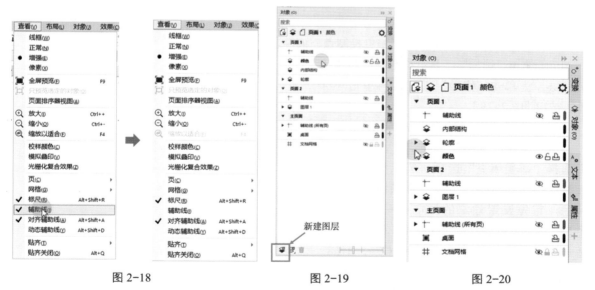

图 2-18　　　　　　　图 2-19　　　　　　图 2-20

（15）单击"轮廓"图层左侧的小三角，将图层展开，选中第一粒纽扣，再按住 Shift 键选最后一粒纽扣，即可连续选择全部纽扣。

（16）将纽扣拖曳至"内部结构"图层，再将明线选中并拖曳至"内部结构"图层，或者按Ctrl+X组合键进行剪切，然后在"内部结构"图层按Ctrl+V组合键进行粘贴，粘贴到"内部结构"图层。

男衬衫廓形绘制完成（图2-21）。

图2-21

2.5.1.2 渲染效果面料制作

（1）使用"矩形"工具绘制一个矩形，在"变换"泊坞窗中设置大小，宽为12 cm，高为20 cm，不勾选"按比例"复选框，单击"应用"按钮（图2-22）。

（2）使用"钢笔"工具绘制一条水平线，使用"变形"工具选中该水平线，选择"拉链变形"选项，设置"拉链振幅"为"80"，设置"拉链频率"为"30"，选择"随机变形""平滑变形"选项（图2-23）。

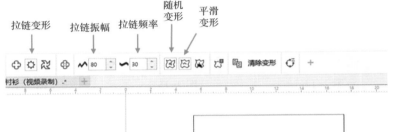

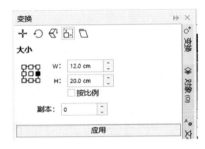

图2-22

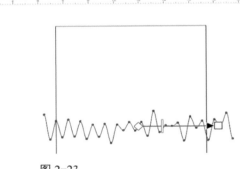

图2-23

（3）使用"选择"工具，上下拖曳控制点，调整造型（图2-24）。

（4）使用"选择"工具，框选矩形和拉链变形线，先单击"修剪"按钮，再单击"拆分"按钮（图2-25）。

选中拉链变形线，将其移出或删除（图2-26）。

（5）选中底部造型，在"属性"泊坞窗中选择"渐变填充"选项，选择类型为"线形渐变"，调整渐变的位置，在颜色条中设置颜色，首先设置最深的颜色——R26，G27，B45；在颜色条上双击添加颜色，依次添加颜色——R31，G340，B105；R71，G76，B108；R109，G104，B124；R208，G208，B212；R247，G254，B255；按Enter键确认。

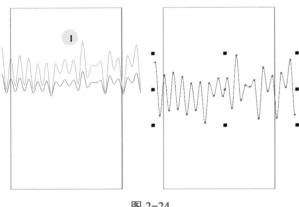

图2-24

设置最浅的颜色——R247，G254，B255，按Enter键确认。

调整颜色条上颜色块的位置（图2-27）。

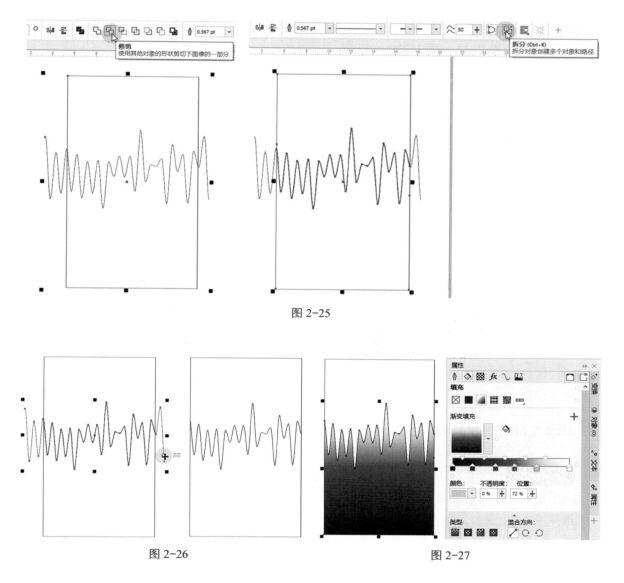

图 2-25

图 2-26　　　　　　　　　　　　　　　　图 2-27

（6）选中所有对象，在 CMYK 便捷色上右击"无颜色"按钮 ╱，去掉轮廓颜色，单击"组合对象"按钮（图 2-28、图 2-29）。

（7）打开"位图"菜单，单击"转换为位图"按钮，勾选"光滑处理"和"透明背景"复选框，设置分辨率为"300"，颜色模式为"RGB 色（24 色）"，单击"OK"按钮（图 2-30）。

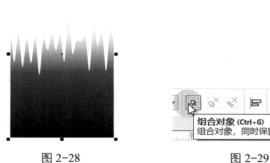

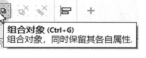

图 2-28　　　　　　　　　图 2-29　　　　　　　　　　图 2-30

（8）选择"效果"→"模糊"→"高斯式模糊"命令，通过调整半径设置模糊的程度，渲染效果面料制作完成（图2-31～图2-33）。

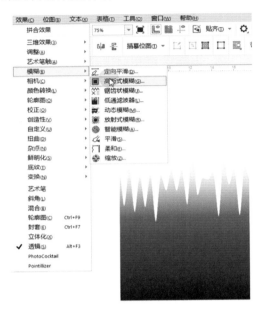

图 2-32

图 2-31

图 2-33

2.5.1.3 传统植物图案绘制

花朵绘制

（1）使用"椭圆"工具绘制一个椭圆，右击，选择"转换为曲线"命令，按F10键切换至"形状"工具，分别将上、下节点设置为"尖突节点"，调整造型（图2-34）。

（2）使用"选择"工具，从上往下拖曳控制点，同时右击进行复制，将鼠标放在左侧，按住Shift键向中心缩放（图2-35）。

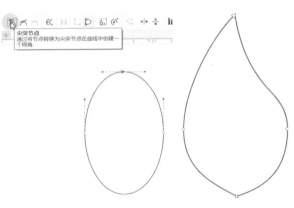

图 2-34

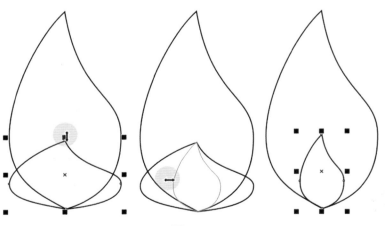

图 2-35

（3）小的花瓣填充浅色，大的花瓣填充深色。

（4）使用"混合"工具 🖊 进行混合，在 CMYK 便捷色上右击"无颜色"按钮 ⬜，去掉轮廓，设置调和步数为"40"（图 2-36）。

（5）框选所有图形，右击，选择"组合"组合（图 2-37）。

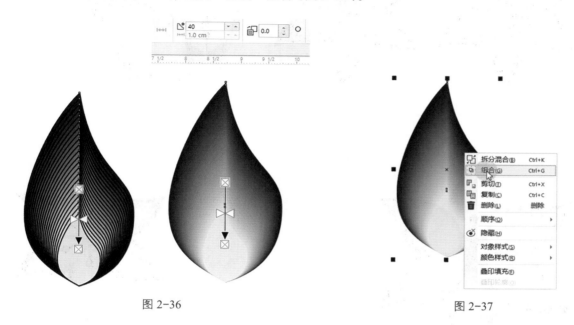

图 2-36   图 2-37

（6）双击图形，将中心点移动到下面的位置，在"变换"属性泊坞窗中选择"旋转"选项，勾选"相对中心"复选框，设置角度为"60"，设置副本为"5"，单击"应用"按钮（图 2-38）。

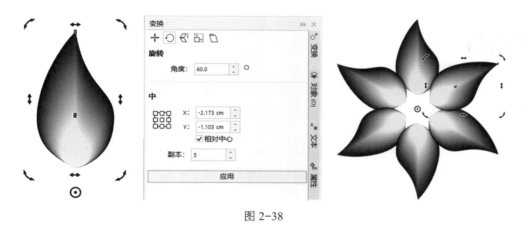

图 2-38

（7）使用"椭圆"工具，按住 Ctrl 键绘制一个正圆，填充颜色，按 Shift+PgDn 组合键到图层底部（图 2-39）。

（8）使用"椭圆"工具绘制一个圆，填充为黑色。

（9）使用"艺术笔"工具，选择任意一种样式绘制。

（10）框选 2 个对象，单击"组合对象"按钮（图 2-40）。

（11）双击组合图形，将中心点移动到所有造型中心的位置。

（12）按照前面的方法进行旋转复制（图 2-41）。

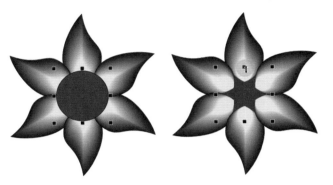

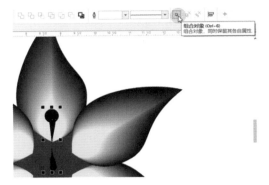

图 2-39

图 2-40

图 2-41

（13）框选所有花瓣，单击"组合对象"按钮，在"轮廓"属性中勾选"随对象缩放"复选框。

茎叶绘制

通过创建艺术笔的方式绘制茎叶。

（1）使用"钢笔"工具绘制叶子的造型，按 F10 键切换"形状"工具调整造型，填充黑色，使用"选择"工具调整大小，通过垂直翻转复制再复制一片叶子，调整大小和造型，完成一组叶子的绘制（图 2-42）。

（2）框选该组叶子，在"轮廓"属性泊坞窗中勾选"随对象缩放"复选框，单击"组合对象"按钮。

（3）按住 Shift 键水平移动叶子，同时右击进行移动复制，调整大小、方向等，在"对齐和分布"泊坞窗中选择"垂直居中对齐"选项（图 2-43）。

（4）使用相同的方法继续完成一组叶子的排列（图 2-44）。

图 2-42　　　　图 2-43　　　　　　　　　图 2-44

（5）框选所有叶子，单击"组合对象"按钮。

（6）使用"艺术笔"工具，选择"笔刷"，单击"保存艺术笔触"按钮，进行文件命名并保存

（图 2-45）。这样就可以使用创建的艺术画笔自由绘制了，通过"笔触宽度"可以调整画笔的宽度（图 2-46）。

笔刷

图 2-45

图 2-46

在创建的过程中，可以多创建几个长短不一的艺术画笔，这样可以绘制出丰富的效果（图 2-47、图 2-48）。

（7）使用"选择"工具框选所有枝叶，在"填充"属性泊坞窗中选择"渐变填充"选项，去掉轮廓（图 2-49）。

图 2-47

图 2-48

图 2-49

（8）选中每条枝叶，右击，选择"拆分艺术笔组"命令（图 2-50）。

（9）框选所有图形，在"轮廓"属性泊坞窗中勾选"随对象缩放"复选框，单击"组合对象"按钮。

（10）将前面绘制的花朵放置到合适位置（图 2-51）。

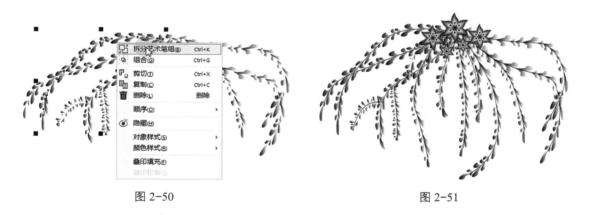

图 2-50

图 2-51

2.5.1.4 男衬衫面料、图案填充

面料填充

（1）在"对象"泊坞窗中，将"内部结构"图层隐藏并锁定（图 2-52）。

（2）使用"选择"工具，框选所有廓形，单击"创建边界"按钮，填充任意颜色（图 2-53）。

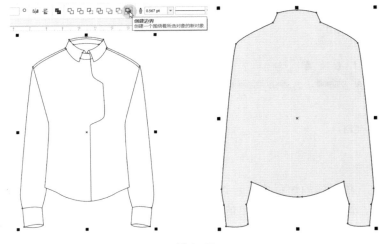

图 2-52

图 2-53

（3）将创建的边界封闭图形选中，按 Ctrl+X 组合键进行剪切，在"颜色"图层按 Ctrl+V 组合键粘贴（图 2-54、图 2-55）。

（4）使用"智能填充"工具 ⬛ 填充生成前片、领片。使用"选择"工具框选所有图形，填充为白色（图 2-56）。

图 2-54

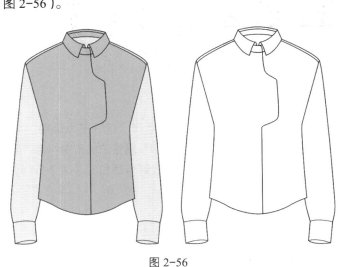

图 2-55

图 2-56

（5）接下来进行面料填充。为了便于填充，按住 Shift 键将左前片和右前片选中，单击"组合对象"按钮；将"轮廓"图层锁定；在"颜色"图层，按住 Shift 键将所有的领片选中，单击"组合对象"按钮（图 2-57）。

（6）将渲染面料复制粘贴到"男衬衫款式"页面，调整大小，并复制备用。

（7）选择"对象"→"PowerClip"→"置于图文框内部"命令，将面料填充至前片，单击"编辑"按钮，调整面料的大小及位置，然后单击"完成"按钮（图 2-58）。

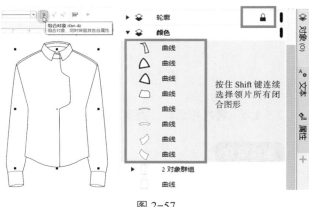

图 2-57

图 2-58

（8）使用同样的方法填充袖子、领子部位（图 2-59）。

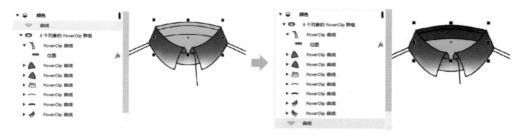

图 2-59

（9）使用"智能填充"工具，生成衣身后片的闭合图形，在"对象"泊坞窗中将其移动到领子的后面（图 2-60）。

（10）填充颜色（图 2-61）。

图案填充

（1）将图案复制粘贴到"男衬衫款式"页面。

（2）选择"对象"→"PowerClip"→"置于图文框内部"命令，将图案填充至前片，单击"编辑"按钮，调整图案的大小及位置（图 2-62）。

（3）选择"位图"→"转换为位图"命令，在"转换为位图"对话框中，勾选"透明背景"复选框（图 2-63）。

（4）在菜单栏上选择"效果"→"调整"→"亮度 / 对比度 / 强度"命令，在"亮度 / 对比度 / 强度"对话框中，调整亮度、对比度、强度数值达到预期效果，可以加深颜色或提亮颜色（图 2-64 ~ 图 2-66）。

（5）在菜单栏上选择"效果"→"调整"→"颜色平衡"命令，在"颜色平衡"对话框中调整颜色通道的数值，使图案能够和渐变面料的颜色统一（图 2-67）。

（6）颜色调整完成后，单击"完成"按钮（图 2-68）。

（7）将"内部结构"图层显示并解锁，按 Shift 键将所有纽扣选中，使用"渐变填充"，选择"矩形渐变填充"选项（图 2-69）。

完成男衬衫绘制（图 2-70）。

图 2-60   图 2-61   图 2-62

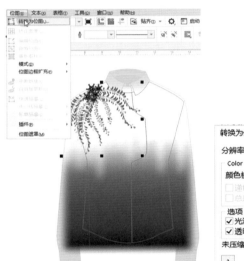

图 2-63

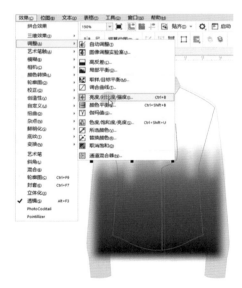

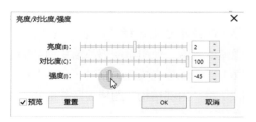

图 2-64   图 2-65

图 2-66

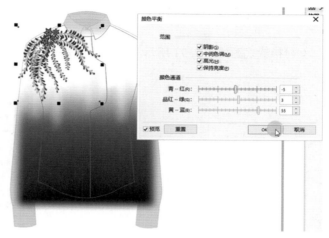

图 2-67

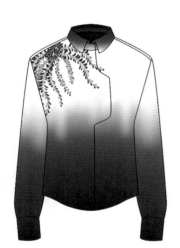

图 2-68

图 2-69

图 2-70

2.5.2 工作任务 2：女衬衫

女衬衫款式图如图 2-71 所示。任务实施单见表 2-3。

图 2-71

表 2-3　任务实施单

序号	步骤	操作说明	制作标准
1	女衬衫廓形绘制	运用真实模特和成衣进行廓形绘制	比例美观协调，服装廓形及内部结构符合形式美法则，结构合理，可生产、能穿脱；线条流畅清晰，粗细恰当，层次清楚
2	女衬衫扎染面料绘制	运用"渐变"和"高斯式模糊"工具制作扎染面料	面料肌理体现充分；能根据面料的质地、性能恰当地表现服装风格和款式造型
3	女衬衫扎染图案绘制	运用"渐变"和"高斯式模糊"工具制作扎染图案单个元素；运用"变换"工具进行四方连续图案设计	图案表现自然，工具运用合理
4	女衬衫面料填充	运用"创建边界"和"智能填充"工具生成闭合区域；再通过"对象"→"Power Clip"→"置于图文框内部"命令填充面料和图案	色彩搭配协调，画面效果整体性强

2.5.2.1　女衬衫廓形绘制

（1）将参考模特复制到软件中，右击，选择"锁定"命令（图 2-72）。

（2）在"标准"工具栏上，单击"贴齐"下拉按钮，勾选"辅助线"复选框（图 2-73）。

（3）从左侧标尺上拉出一条垂直辅助线，放置到前中位置。

（4）使用"钢笔"工具进行廓形绘制。

（5）使用"虚拟段删除"工具将多余线段删除。

（6）使用"钢笔"工具绘制褶线、明线。

（7）选中需要设置明线的实线，在"轮廓"属性泊坞窗中，设置角为"圆角线条"，线条端头为"圆形端头"，选择线条样式（图 2-74）。

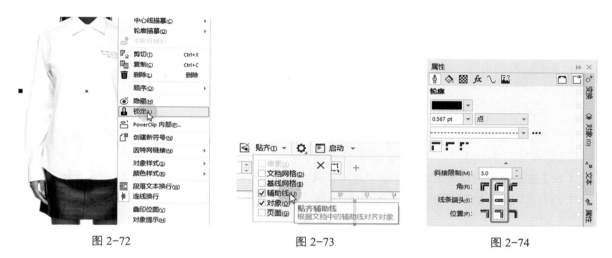

图 2-72　　　　　　　　图 2-73　　　　　　　　图 2-74

其他部位的明线可使用"合并"按钮进行设置，选中需要设置的实线，按住 Shift 键再选中已经设置好的明线，先单击"合并"按钮，再单击"拆分"按钮（图 2-75）。

图 2-75

（8）双明线绘制：使用"选择"工具选中明线，进行拖曳移动，同时右击进行复制（图 2-76）。

（9）使用"钢笔"工具绘制褶线（图 2-77）。

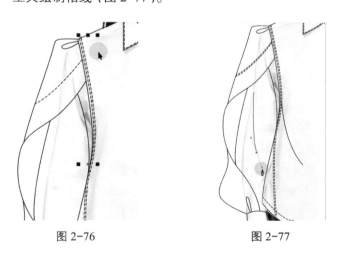

图 2-76　　　　　　　　图 2-77

（10）选中褶线，单击"艺术笔"按钮，选择"画笔预设笔触"（图 2-78）。

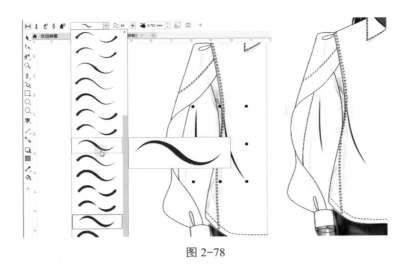

图 2-78

（11）袖子处的褶线：使用"选择"工具，选中袖子上的褶线，单击"艺术笔"按钮，选择"画笔预设笔触"（图 2-79）。

（12）左侧廓形绘制完成之后，在"对象"属性泊坞窗中将位图隐藏（图 2-80）。

（13）右侧廓形绘制参考"2.5.1.1 男衬衫廓形绘制"（图 2-81）。

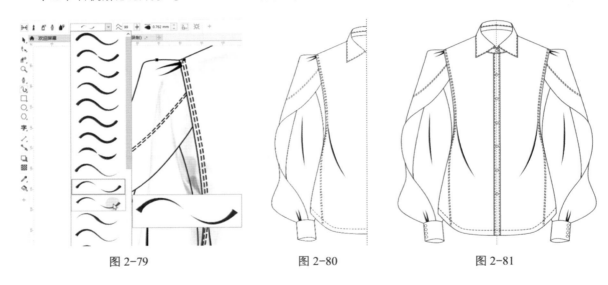

图 2-79   图 2-80   图 2-81

2.5.2.2 扎染面料绘制

（1）使用"矩形"工具绘制一个矩形，在"变换"泊坞窗中把矩形的宽度改为 150 mm，把矩形的高度改为 200 mm（图 2-82）。

（2）使用"钢笔"工具，按 Shift 键绘制一条水平线。

（3）使用"变形"工具，将水平线选中，选择"拉链变形"选项，"拉链振幅"为 60，设置"拉链频率"为 100，按 Enter 键，选择"随机变形"选项，再选择"平滑变形"选项（图 2-83）。

（4）使用"选择"工具选中拉链变形曲线和矩形，先单击"修剪"按钮，再单击"拆分"按钮（图 2-84）。

（5）将拉链变形线移动到下端，按 Shift 键选中下面的矩

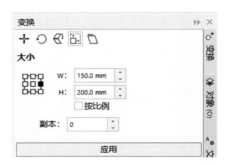

图 2-82

形，先单击"修剪"按钮，再单击"拆分"按钮（图 2-85）。

（6）依次完成 4 次修剪（图 2-86）。

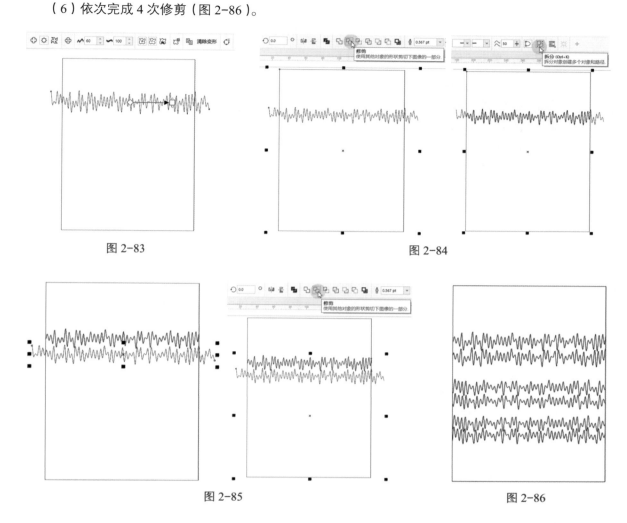

图 2-83   图 2-84

图 2-85   图 2-86

（7）按住 Shift 键选中需要填色的图形，打开"填充"属性泊坞窗，选择"均匀填充"选项，分别输入 R42，G74，B175，按 Enter 键；按住 Shift 键将中间图形选中，在"均匀填充"框中输入 R149，G192，B255，按 Enter 键（图 2-87）。

（8）选中最下面的图形，使用"渐变填充"，在颜色条上分别设置颜色（可使用"颜色滴管"工具吸取浅色），调整渐变的部位，双击可添加色块（图 2-88）。

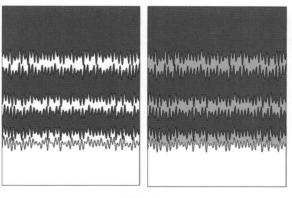

图 2-87

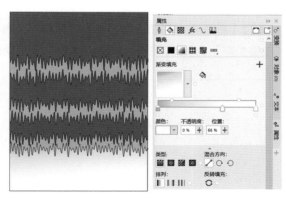

图 2-88

（9）框选所有图形，在 CMYK 便捷色中"无颜色"按钮 上右击，设置为无轮廓（图 2-89）。

（10）框选所有图形，单击"组合对象"按钮 ，在菜单栏上选择"位图"→"转换为位图"命令，单击"OK"按钮（图 2-90）。

图 2-89   图 2-90

（11）选中位图，选择"效果"→"模糊"→"高斯式模糊"命令，根据需要调整"模糊半径"（图 2-91）。

扎染面料绘制完成（图 2-92）。

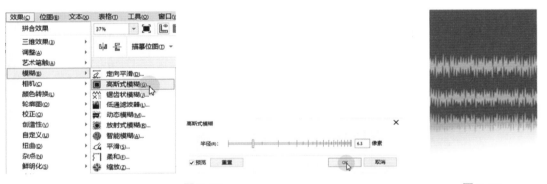

图 2-91   图 2-92

2.5.2.3 扎染图案绘制

（1）使用"矩形"工具，按 Ctrl 键绘制一个正方形；使用"椭圆"工具，按 Ctrl 键绘制一个正圆（图 2-93）。

（2）框选正方形和正圆，单击"变形"工具，选择"拉链变形"选项，设置"拉链振幅"为 80，"拉链频率"为 100，按 Enter 键，选择"随机变形""平滑变形"选项（图 2-94）。

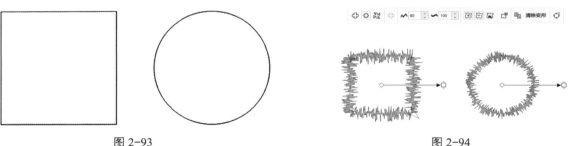

图 2-93   图 2-94

（3）打开"填充"属性泊坞窗，选择"渐变填充"→"圆锥形渐变"命令，在色块上，双击添加色块，并调整色块的位置（图 2-95）。

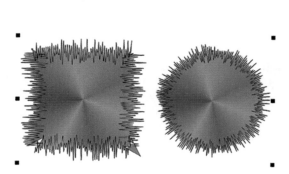

图 2-95

（4）在 CMYK 便捷色中"无颜色"按钮 ⊿ 上右击，设置为无轮廓（图 2-96）。

（5）选中正方形，按 Shift 键向里拖曳同时右击，填充一个均匀色，颜色为浅色，选中渐变的正方形，在向里拖曳的同时右击；选中均匀填充的浅色正方形，按住 Shift 键向里拖曳同时右击。

（6）依次向内部缩小复制几个同心正方形。

（7）用同样的方法完成圆形效果绘制（图 2-97）。

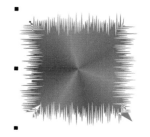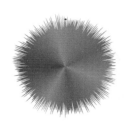

图 2-96　　　　　　　　　　　　　　图 2-97

（8）框选全部圆形，单击"组合对象"按钮；框选全部方形，单击"组合对象"按钮。

（9）在菜单栏上选择"位图"→"转换为位图"命令，单击"OK"按钮（图 2-90）。

（10）选中位图，在菜单栏上选择"效果"→"模糊"→"高斯式模糊"命令，根据需要调整"模糊半径"（图 2-91）。

扎染图案的单个元素设计完成（图 2-98）。

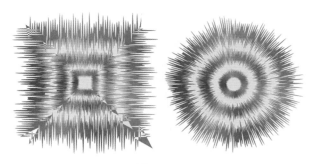

图 2-98

（11）接下来进行图案的组合。在"变换"泊坞窗中，将圆形大小设置为 4 cm（图 2-99）。

选择"变换"→"位置"命令，在"X"框中输入"4"，在"Y"框中输入"0"，设置"副本"为"6"，单击"应用"按钮（图 2-100）。

（12）框选所有对象，单击"组合对象"按钮。

（13）选择"变换"→"位置"命令，在"X"框中输入"0"，在"Y"框中输入"4"，设置"副本"为"6"，单击"应用"按钮（图 2-101）。

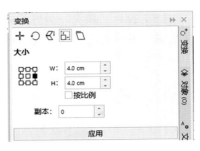

图 2-99

图 2-100

图 2-101

（14）将备用图形移动至中间部位，右击。按住 Shift 键同比例向中心缩小（图 2-102）。

（15）在"位置"泊坞窗中使用前面的方法进行移动复制（图 2-103）。

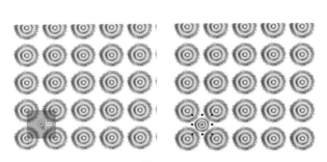

图 2-102

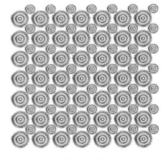

图 2-103

（16）框选所有图形，单击"组合对象"按钮。

（17）使用"矩形"工具，绘制一个矩形，框选所有对象，单击"相交"按钮，将相交得到的图形移动到空白区域（图 2-104）。

（18）运用同样的方法，将正方形基本元素组合出连续图案（图 2-105）。

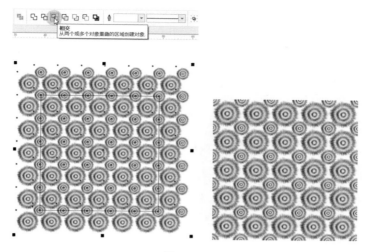

图 2-104

2.5.2.4　女衬衫面料填充

（1）将扎染面料复制粘贴到"女衬衫款式"页面，调整大小，放置到空白区域备用。

（2）在"对象"泊坞窗中，将"内部结构线"图层隐藏并锁定（图 2-106）。

图 2-105

图 2-106

（3）使用"选择"工具，框选所有廓形，单击"创建边界"按钮，填充任意颜色（图 2-107）。

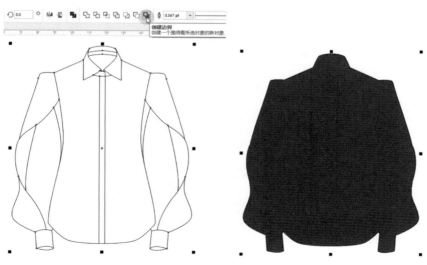

图 2-107

（4）按 Shift+PgDn 组合键将创建的边界图形放置到最底层，填充白色（图 2-108）。

图 2-108

（5）使用"智能填充"工具，分别生成其他部位的封闭图形（图 2-109）。

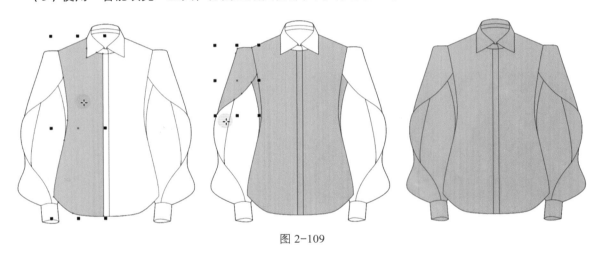

图 2-109

（6）分别为领子后片部分和袖口后片填充颜色（图 2-110）。

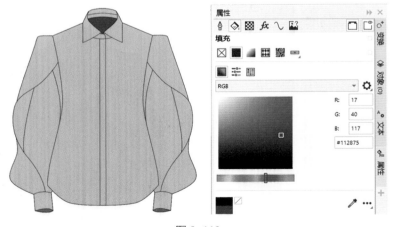

图 2-110

（7）按住 Shift 键选中前片各部位，单击"组合对象"按钮。

（8）选中扎染面料对象，通过"对象"→"PowerClip"→"置于图文框内部"命令，将面料填充至前片，单击"编辑"按钮，调整大小及位置，单击"完成"按钮（图 2-111）。

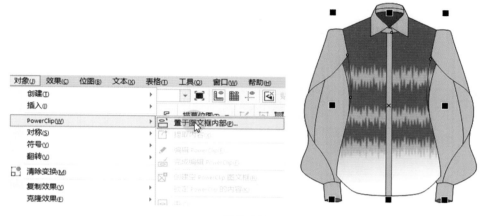

图 2-111

（9）使用同样的方法完成其他部位的面料填充，左侧填充完成后可通过水平翻转复制的方式得到右片（图 2-112）。

（10）显示并解锁"内部结构线"图层。

（11）将所有纽扣选中，填充颜色。

女衬衫面料填充完成（图 2-113）。

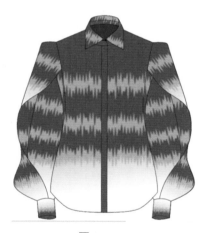

图 2-112

图 2-113

2.6 拓展训练

拓展训练款式图

1. 运用模糊效果结合中国传统元素可以绘制哪些效果？
2. 运用创建艺术画笔的方法，结合中国吉祥图案，尝试绘制传统吉祥纹样。
3. 完成右侧二维码中款式图的绘制训练。

2.7 学习评价

项目 2 学习评价表见表 2-4。

表 2-4　项目 2 学习评价表

评价指标		评价标准			评价方式		
		优	良	合格	自评（15%）	互评（15%）	教师评价（70%）
工作能力（35%）	分析能力（5%）	能正确分析订单需求和款式特点，正确合理地选择使用工具	能正确分析订单需求和款式特点，较好地选择使用工具	能分析订单需求和款式特点			
	实操能力（25%）	能准确地利用软件的工具，制订详细的款式绘制操作步骤	能准确地利用软件的工具，制订款式绘制操作步骤	能准确地利用软件的工具，制订部分款式绘制操作步骤			
		相关工具操作规范，正确进行款式绘制，合理完成全部内容的绘制	相关工具操作规范，较正确地进行款式绘制，合理完成全部内容的绘制	相关工具操作相对规范，能进行款式绘制，完成部分内容的绘制			
	合作能力（5%）	能与其他组员分工合作；能提出合理见解和想法	能与其他组员分工合作；能提出一定的见解和想法	能与其他组员分工合作			
学习策略（20%）	学习方法（10%）	格式符合标准，内容完整，有详细记录和分析，并能提出一些新的建议	格式符合标准，内容完整，有一定的记录和分析	格式符合标准，内容较完整			
	自我分析（10%）	能主动倾听、尊重他人意见	能倾听、尊重他人意见	能倾听他人意见			
		能很好地表达自己的看法	能较好地表达自己的看法	能表达自己的看法			
		能从小组的想法中提出更有效的解决方法	能从小组的想法中提出可能的解决方法	偶尔能从小组的想法中提出自己的解决方法			
成果作品（45%）	规范性（15%）	作品制作非常规范	作品制作规范	作品制作相对规范			
	标准化（15%）	作品整体符合企业产品标准	作品大部分符合企业产品标准	作品局部符合企业产品标准			
	创新性（15%）	作品具有很好的创新性	作品具有较好的创新性	作品有一定的创新性			

项目 3
休闲装款式绘制

3.1　项目导入

项目 3 任务书见表 3-1。

表 3-1　项目 3 任务书

项目任务书	
项目来源	某服饰公司的春夏男装产品开发项目
工作任务	根据企业"春夏男装产品开发项目企划方案"，结合国风潮流的流行趋势，参考以下款式，为企业设计新款式，完成 T 恤衫和夹克衫单品款式图的设计表现 企业的企划方案（部分内容）
工作要求	1. 款式造型符合服装结构要求和审美要求； 2. 线稿自然流畅，明暗关系准确； 3. 款式色彩关系明确，画面生动和谐； 4. 画面干净整洁，造型表现生动完整

项目任务书	
工作标准	产品创意设计（中级）职业技能等级标准： 1. 熟练使用设计类的二维表现软件，能对产品创意、产品造型等实施设计表现工作。 2. 能针对产品的材质、颜色、表面纹理等，制作产品创意设计效果图。 3. 在设计方案完成的前提下，能用设计类软件，将产品创意的重点、操作方式、结构特点等内容表达完整。 服装设计师职业技能要求： 1. 能把握服装的比例，正确表达服装的廓形及内部结构。 2. 能表现服装的色彩搭配与面料质感。 3. 能使用 Photoshop、CorelDRAW、Illustrator 等计算机软件绘制服装款式图。 服装设计与工艺技能大赛赛项评分要点： 1. 款式图表达技法：款式图线条流畅清晰，粗细恰当，层次清楚；比例美观协调，符合形式美法则；结构合理，可生产、能穿脱。 2. 计算机款式图绘制：充分体现服装廓形、比例、工艺和结构特征，绘图规范，图面干净，线迹清爽。 3. 色彩与面料：色彩搭配协调，注意流行色的运用，表现得当，有层次感，面料肌理充分体现；能根据面料的质地、性能恰当地表现服装风格和款式造型。 4. 设计说明：清晰表述服装设计风格、流行趋势元素的运用，以及服装造型、结构、面料、色彩、工艺的特点。 5. 整体效果：服装整体搭配恰当

3.2 任务思考

问题 1 扫描右侧二维码观察服装款式图，分析款式特点是什么。

问题 2 扫描右侧二维码观察服装款式图，分析每个款式包含哪些工艺方法，分别是通过什么表现手法表达的。

服装款式图

3.3 知识准备

1. "智能填充"工具

要填充对象的重叠区域，请从属性栏中选择并设置，然后单击该区域（图 3-1）。

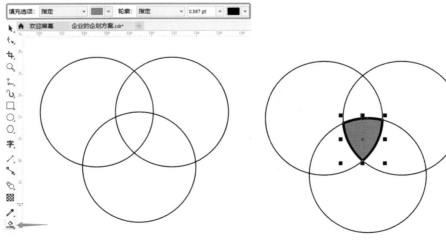

图 3-1

2. "文本"工具 字

"文本"工具可以创建两种类型的文本：美术字文本和段落文本。

（1）添加美术字文本。在页面上的任何位置单击，然后输入内容。

（2）添加段落文本。拖动鼠标创建一个段落文本框，屏幕上会出现一个文本框，并标记可输入内容的位置（图 3-2）。

（3）将段落文本添加到对象内部。将指针置于该对象的内边框上，然后在指针变为插入光标时输入内容（图 3-3）。

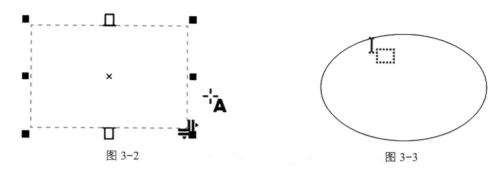

图 3-2　　　　　　　　　　　　　　　　图 3-3

（4）使文本直接适合路径。将光标置于对象旁边，当光标变为插入点光标时单击，然后沿着对象的路径输入文本（图 3-4）。

（5）使选定文本适合路径。从"文本"菜单中选择"使文本适合路径"命令，然后单击对应的路径（图 3-5）。

图 3-4　　　　　　　　　　　　　　　　图 3-5

（6）更改路径中文本的方向、偏移量等。从"文本方向"列表框中选择一个新方向，也可在属性栏上设置偏移量、镜像等（图 3-6）。

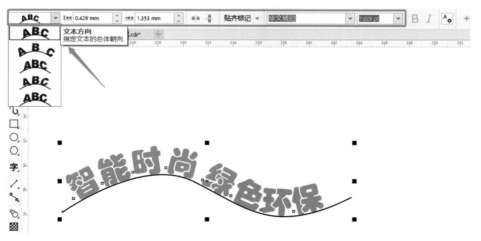

图 3-6

3. 描摹位图

选中位图，选择"描摹位图"命令，将位图转换为矢量图（图3-7）。

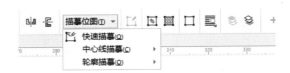

图 3-7

3.4　素养提升

通过阅读以下奥运会国乒服装和冬奥会冠军龙服的故事，了解中国传统文化，激发爱国情怀和社会责任，增强民族自信。

中国故事——奥运会国乒服装

奥运会运动员的服装蕴含着丰富的中国文化，个性且自由，向世人传递着独具魅力的中国美学。扫描右侧二维码阅读文章，思考并探讨以下问题。

（1）奥运会国乒服装款式特点是什么？

（2）奥运会国乒服装运用了哪些中国元素？

读中国故事——
奥运会国乒服装

中国故事——冬奥会冠军龙服

冬奥会冠军龙服在运动服上融入圆立领和盘扣元素，蕴含了中国的味道，体现了精神与身体的合一。扫描右侧二维码阅读文章，思考并探讨以下问题。

（1）冬奥会冠军龙服款式特点是什么？

（2）冬奥会冠军龙服运用了哪些中国元素？

读中国故事——
冠军龙服

3.5　任务实施

任务描述

以圆领 T 恤衫和夹克衫为工作任务，进行螺纹、环绕文字图案、穿插图案、Z 字车缝线迹、拉链、网眼等效果及 T 恤衫、夹克衫款式的绘制。

任务目标

（1）**素质目标**：增强民族自信，传承中国服饰文化，学习奥运健儿的拼搏精神；激发学生的爱国主义精神和社会责任感；引导学生树立正确的人生观、价值观和责任意识；树立规则意识，培养精益求精、追求信誉与品质的职业道德。

（2）**知识目标**：掌握 CorelDRAW 2019 版本相关工具的使用方法，包括创建边界工具、"混合"工具、"智能填充"工具、"文本"工具、位图描摹工具。

（3）**能力目标**：能够熟练使用 CorelDRAW 2019 版本的工具；能够绘制任意休闲装款式图。

实施准备

只有了解各类休闲装款式的特点，在绘制服装款式图时才能准确表现各部位的结构。

视频：T 恤衫
款式分析

1. T 恤衫款式分析

T 恤衫是时尚男士的必备单品，是春夏街头最亮丽的风景线，扫描右侧二维码观看视频，思考并探讨以下问题。

（1）T 恤衫的款式特点是什么？

（2）T 恤衫的款式分类有哪些？

视频：夹克衫
款式分析

2. 夹克衫款式分析

夹克衫是每年春夏季男装产品设计中开发的重点单品，扫描右侧二维码观看视频，思考并探讨以下问题。

（1）夹克衫的款式特点是什么？

（2）夹克衫的款式分类有哪些？

3.5.1 工作任务 1：T 恤衫

T 恤衫款式如图 3-8 所示。任务实施单见表 3-2。

图 3-8　T 恤衫款式

表 3-2　任务实施单

序号	步骤	操作说明	制作标准
1	T 恤衫廓形绘制	运用男子人台进行廓形绘制	比例美观协调，服装廓形及内部结构符合形式美法则，结构合理，可生产、能穿脱；线条流畅清晰，粗细恰当，层次清楚
2	T 恤衫罗纹领绘制	使用"混合"工具绘制螺纹领	面料肌理体现充分；能根据面料的质地、性能恰当地表现服装风格和款式造型
3	T 恤衫文字图案绘制	运用"文本"→"使文本适合路径"命令进行环绕文字绘制；使用"虚拟段删除"工具和"智能填充"工具完成穿插型文字图案的绘制	图案表现自然，工具运用合理
4	T 恤衫 Z 字车缝线绘制	运用"拉链变形"的方式进行 Z 字车缝线的绘制	绘图规范，充分体现服装缝制工艺和结构特征，层次感强
5	T 恤衫复杂结构 Z 字缝线绘制	运用"转换曲线"的方式进行复杂结构 Z 字缝线的绘制	绘图规范，结构表现合理，充分体现服装缝制工艺特点，表现方法得当

3.5.1.1　T 恤衫廓形绘制

运用男子人台进行 T 恤衫廓形绘制。操作方法参考 "2.5.1.1　男衬衫廓形绘制"（图 3-9）。

3.5.1.2　螺纹领绘制

（1）使用 "钢笔" 工具，按住 Shift 键绘制一条垂直线，按 Ctrl 键并单击空白处，结束绘制（图 3-10）。

（2）按住 Shift 键，把垂直线拖曳到右侧，同时右击，水平移动复制（图 3-11）。

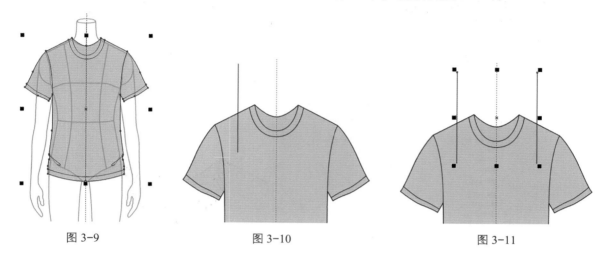

图 3-9　　　　　　　　　　　图 3-10　　　　　　　　　　　图 3-11

（3）按住 Shift 键选中左、右两条垂直线。

（4）使用 "混合" 工具 ，从左边垂直线拉到右边垂直线，在 "参数" 状态栏上调整混合步数（图 3-12）。

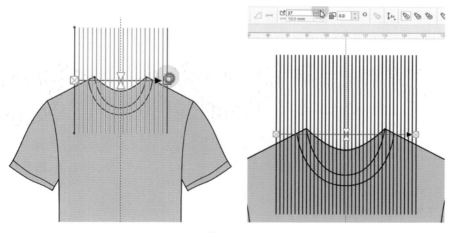

图 3-12

（5）使用 "形状" 工具，对最左侧的垂直线和最右侧的垂直线进行调整（图 3-13）。

（6）使用 "选择" 工具，单击 "调和" 中间的线即可选中 "调和" 的所有线。

（7）将 "调和" 的线移动到空白处，使用 "智能填充" 工具 生成领子的封闭图形（图 3-14）。

（8）选中 "调和" 的线移动到领子处，选择 "对象" → "PowerClip" → "置于图文框内部" 命令，单击领子，即可将螺纹填充到领子内部（图 3-15）。

（9）选中螺纹领，按 Ctrl+C 组合键复制，按 Ctrl+V 组合键粘贴，再复制出一个螺纹领作为后领。

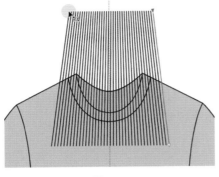

图 3-13

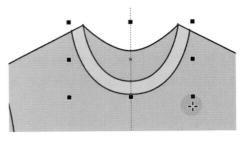

图 3-14

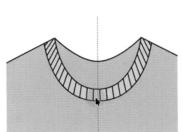

图 3-15

（10）使用"形状"工具，框选中间两个节点，向上移动（图 3-16）。

（11）使用"选择"工具，选择前领，按 Shift+PgUp 组合键将其置于图层前面（图 3-17）。螺纹领绘制完成。

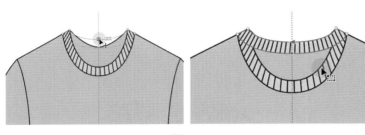

图 3-16

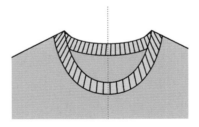

图 3-17

3.5.1.3　T 恤衫明线设置

（1）使用"选择"工具。按住 Shift 键选中袖口和下摆处的线，在"参数"状态栏上选择轮廓样式（图 3-18）。

（2）在"属性"泊坞窗的"轮廓"属性中将角设置为"圆角"，将线条端头设置为"圆形端头"，勾选"随对象缩放"复选框（图 3-19）。

（3）使用"选择"工具，在拖曳的同时右击，再复制出一条明线。

（4）使用"形状"工具，调整细节。

（5）运用同样的方法，完成右袖口的明线和下摆处的明线（图 3-20）。

（6）将画好的图案放置到 T 恤衫中，设置颜色。

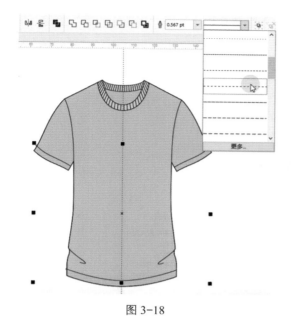

图 3-18

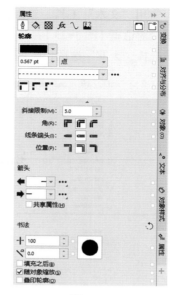

图 3-19

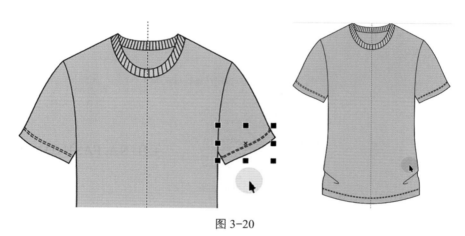

图 3-20

3.5.1.4　文字图案

文字图案实例效果图如图 3-21 所示。

1. 环绕文字图案绘制

（1）使用"椭圆"工具，按住 Ctrl 键绘制一个正圆（图 3-22）。

图 3-21

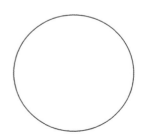

图 3-22

（2）使用"文本"工具，输入文字，在"文本"菜单栏中选择"更改大小写"命令，打开"更改大小写"对话框（图3-23）。

（3）选择"大写"选项，将英文字体设置为大写（图3-24）。

图 3-23

（4）在"文本"菜单栏中选择"使文本适合路径"命令，把鼠标放到正圆的路径上，找到适合的位置后单击（图3-25）。

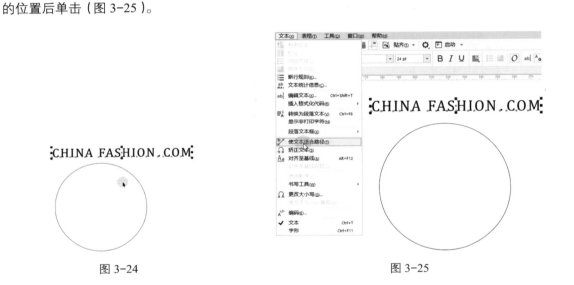

图 3-24　　　　　　　　　　　　　　　　　　　图 3-25

（5）在"参数"属性栏上，可以通过"与路径的距离""偏移"等的设置调整文字的位置（图3-26）。

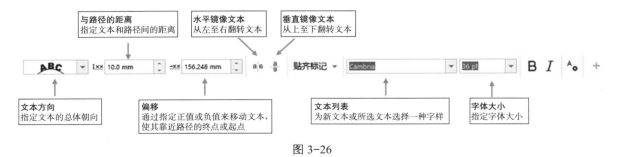

图 3-26

（6）通过"字体列表"设置字体的样式；通过"字体大小"设置字体的大小。

（7）在"CMYK便捷颜色栏"上选择颜色并单击，设置文字整体颜色。

（8）某个或某几个字母的调整方法：使用"形状"工具，选中文字左侧的空心方框，按住Shift键可以多选，进行填色、设置字体、设置大小等（图3-27）。

（9）运用同样的方法完成圆形下方的文字设置。

（10）使用"文本"工具，在圆形下方输入文字。在"文本"菜单栏中打开"更改大小写"对话框，选择"大写"选项，将英文字体设置为大写。

（11）在"文本"菜单栏中选择"使文本适合路径"命令，把鼠标放到正圆的路径上，找到适合的位置，单击并填色（图3-28）。

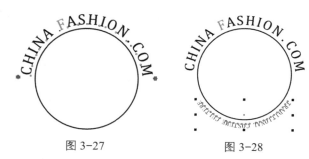

图 3-27　　　　　图 3-28

（12）在"参数"属性栏上，先单击"水平镜像文本"按钮，再单击"垂直镜像文本"按钮（图3-29、图3-30）。

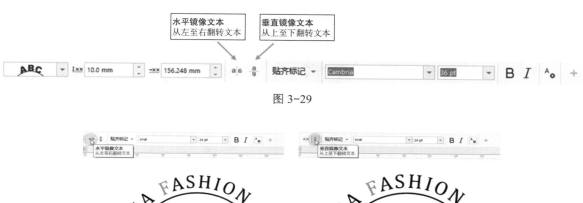

图 3-29

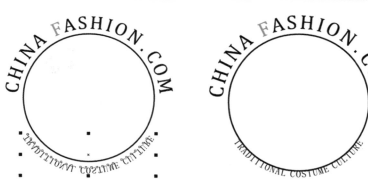

图 3-30

（13）通过"与路径的距离""偏移"等的设置调整文字的位置，也可以用鼠标直接拖曳，调整位置（图3-31）。

（14）字符间距的调整方法：打开"文本"泊坞窗中的"段落"面板，通过"字符间距"调整字符的间距（图3-32）。

（15）再次编辑文本的方法：使用"文本"工具，按住鼠标左键拖曳，选中某个字符，即可修改；加字符时，把鼠标放在指定位置，输入文本。

按下鼠标左键拖曳，选中字符，打开"属性"泊坞窗中的"字符"面板，填充类型选择"均匀填充"，单击"文本颜色"右边的下三角按钮，使用"滴管"可吸取要填充的颜色进行颜色填充（图3-33）。

图 3-31

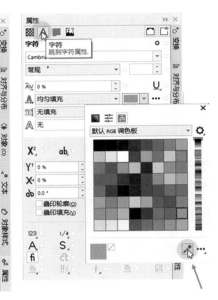

图 3-32 图 3-33

（16）使用"选择"工具，点选文本，打开"字符"属性泊坞窗，可填充文本颜色。

（17）打开"填充"属性泊坞窗，可将路径和文本填色（图 3-34）。

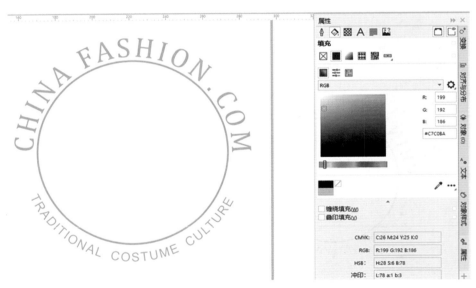

图 3-34

（18）可在外侧绘制一个同心圆（图 3-35）。

2. 穿插型文字图案

该图案由 3 个英文字母穿插形成，如图 3-36 所示。

（1）使用"文本"工具，输入大写字母 R。

（2）使用"选择"工具，选择大写字母 R，拖曳拉大，在"参数"属性栏上选择字体样式"Rockwell"。

（3）将其拖曳，同时右击进行复制。

（4）使用"文本"工具，选中大写字母 R，输入大写字母 M（图 3-37）。

图 3-35

图 3-36　　　　　　　　　　　　　　　　　图 3-37

（5）同样的方法，输入大写字母 V，设置字体为"Arial"，加粗（图 3-38）。

（6）使用"选择"工具，选中文本并右击，选择"转换为曲线"命令，"转换为曲线"后该字母就不再是一个文本，而是一个图形（图 3-39）。

图 3-38

图 3-39

（7）使用"形状"工具，调整形状，可以通过框选的方式选择多个节点，使用键盘上的上、下、左、右键进行移动（图 3-40）。

（8）用同样的方法完成其他 2 个字母的变形（图 3-41）。

（9）使用"选择"工具，框选所有图形，在"CMYK 便捷色"的"无颜色"上右击，设置为无填充，在"黑色"上右击，设置为黑色轮廓（图 3-42）。

图 3-40

图 3-41

图 3-42

（10）把 V 图形移开。

（11）穿插效果制作：使用"虚拟段删除"工具，删除多余线段。使用"虚拟段删除"工具时注意，刻刀立起来时表示可以删除，单击不要的线即可删除；也可以通过"拉框"的方式删除一条或多条线段（图 3-43）。

删除的规律：删横向线→删竖向线→删横向线→删竖向线→删横向线……，依次完成。

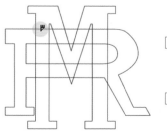

图 3-43

（12）使用"选择"工具，框选所有图形，在"参数"属性栏上单击"创建边界"按钮，单击"CMYK便捷色"上的色块，填充颜色（图3-44）。

（13）按Shift+PgDn组合键到图层后面（图3-45）。

（14）使用"智能填充"工具，单击内部分割造型，使其生成封闭图形（图3-46）。

（15）镂空效果制作：在"对象"泊坞窗中，按住Shift键单击最上面图形和最下面图形，将所有内部造型选中，然后按住Ctrl键，选中创建边界的图形。

注：在图层中，按住Shift键可连续选择；按住Ctrl键可间隔选择（图3-47）。

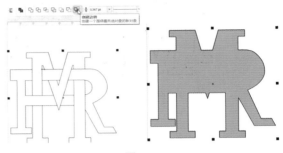

图3-44

图3-45

图3-46

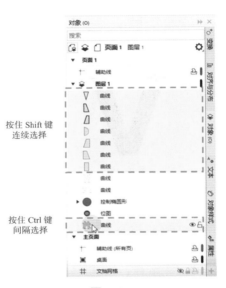

图3-47

（16）在"参数"属性栏上单击"移除前面对象"按钮（图3-48）。

（17）在"属性"泊坞窗中填色，设置轮廓的宽度。

（18）将V图形放置到适当位置。

（19）按Shift+PgDn组合键，将创建的边界图形设置到图层后面（图3-49）。

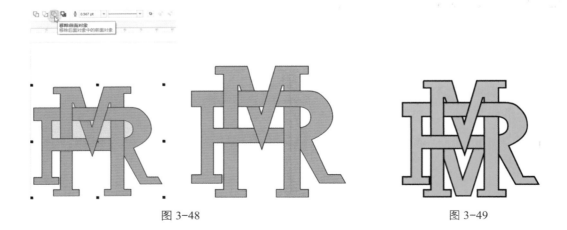

图3-48   图3-49

（20）框选 MR 组合的图形和 V 图形，在"参数"属性栏上单击"组合对象"按钮 进行编组，并移动到最上面（图 3-50）。

图 3-50

（21）选中图案，选择"对象"→"PowerClip"→"置于图文框内部"命令，填充至群组的文字图形中（图 3-51）。

图 3-51

3.5.1.5　Z 字车缝线绘制（拉链变形工具）

Z 字车缝线绘制效果如图 3-52 所示。Z 字车缝线绘制方法有以下三种。

第一种：直线状态下 Z 字车缝线绘制。

（1）使用"钢笔"工具绘制一条直线。使用"选择"工具，选中绘制的直线（图 3-53）。

图 3-52　　　　　　　　　　　　　　　　　　　图 3-53

（2）使用"变形"工具 ，在"参数"属性栏上选择"拉链变形"选项，分别设置"拉链振幅"和"拉链频率"的数值（图 3-54）。

拉链变形　拉链振幅　拉链频率

图 3-54

注："拉链振幅"是锯齿的高度，数值越大，高度越高；"拉链频率"是锯齿的数量，数值越大，数量越多。通过调整"拉链振幅"和"拉链频率"，达到想要的效果（图 3-55）。

（3）使用"选择"工具，在拖曳的同时右击进行复制（图 3-56）。

（4）单击"变形"工具，在"参数"属性栏上单击"清除变形"按钮，恢复到直线状态（图 3-57）。

（5）把直线放到拉链的两侧，将直线设置为虚线（图 3-58）。

第二种：曲线状态下 Z 字车缝线绘制。

下面通过 2 条设置不同的曲线，讲解"拉链变形"的关键。

（1）第一条曲线，节点之间的距离基本相等，且每个节点的拉杆长度基本相等。

（2）第二条曲线，节点之间距离基本相等，但节点的拉杆长度差别较大（图 3-59）。

（3）对以上 2 条设置不同的线同时做拉链变形，请观察其效果的不同（图 3-60）。

第一条线两侧拉杆比较均匀、对称，所以拉链变形效果比较均匀。第二条线拉杆短的部位拉链变形效果比较密集，拉杆长的部位拉链变形效果比较疏松，这就是它的关键。因此，在进行拉链变形之前，一定要将线上的每个节点调整均匀。

（4）使用直线状态 Z 字车缝线绘制方法，完成曲线状态 Z 字车缝线的绘制（图 3-61）。

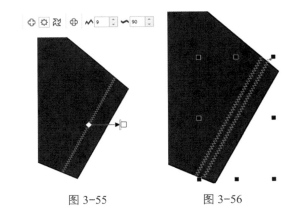

图 3-55　　　　　　图 3-56

图 3-57

图 3-58

第二条线
第一条线

图 3-59

第二条线

第一条线

图 3-60　　　　　　　　　　　图 3-61

第三种：复杂造型的 Z 字车缝线绘制（图 3-62）。

由于造型的需要，无法将曲线上所有节点的拉杆调整至等长，所以做出来的拉链变形效果不均匀（图 3-63）。

解决拉链效果不均匀问题的操作方法如下。

（1）使用"形状"工具，将中间节点选中，在"参数"状态栏上选择"断开曲线"命令，然后按Ctrl+K 组合键进行拆分（图 3-64）。

（2）使用"选择"工具，框选所有线段，单击"变形"工具，分别设置"拉链振幅"和"拉链频率"的数值（图 3-65）。

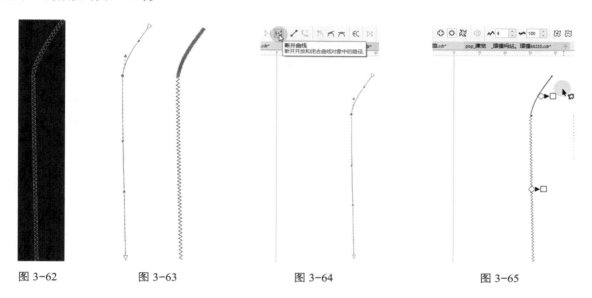

图 3-62   图 3-63   图 3-64   图 3-65

（3）选中上面的线段，调整"拉链振幅"和"拉链频率"，使其与下面线段造型相近（图 3-66）。

（4）使用"选择"工具，框选所有对象，在"参数"状态栏上单击"组合对象"按钮进行组合，放置到服装中（图 3-67）。

（5）将两侧的线设置为虚线，并设置颜色（图 3-68）。

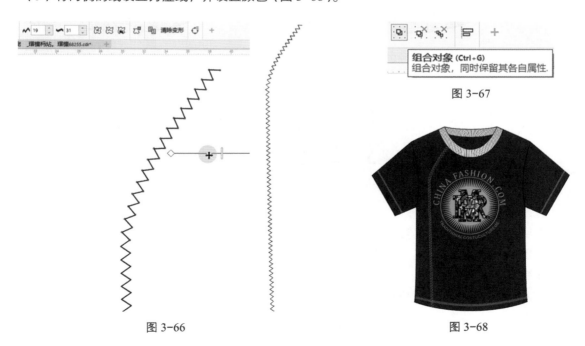

图 3-66   图 3-67

图 3-68

3.5.1.6 复杂结构的 Z 字缝线（转换曲线方式）（图 3-69）

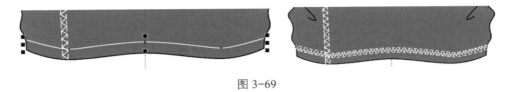

图 3-69

由于结构线上 5 个节点之间的距离不等长，在进行拉链变形时会出现密度不均匀的情况，所以要将其调整至均匀状态（图 3-70）。

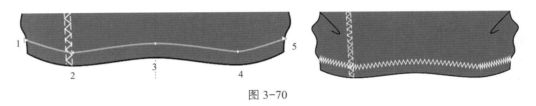

图 3-70

（1）使用"形状"工具，把左边的节点顺着原有的造型往外拉，使第 1 个节点到第 2 个节点的距离与第 3 个节点到第 4 个节点的距离基本相等。

（2）把节点的拉杆拉均匀，将第 2 个节点设置为"尖突节点"（图 3-71）。

（3）调整每个节点的拉杆长度基本等长（图 3-72）。

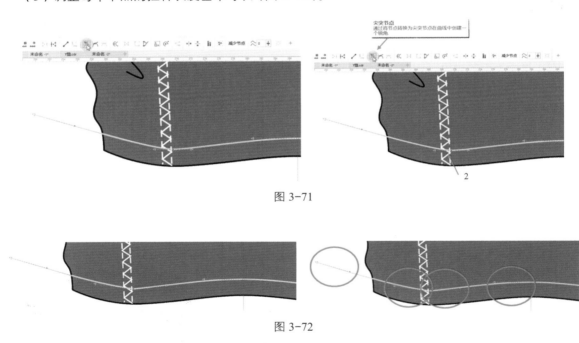

图 3-71

图 3-72

（4）用同样的方法调整右侧，使左、右 5 个节点之间的距离及拉杆的长度基本等长（图 3-73）。

（5）使用"选择"工具，在拖曳的同时右击，复制备用。

（6）为方便观察，在"CMYK 便捷颜色"上右击"黑色"，将结构线设置为黑色。

（7）使用"变形"工具，选择"拉链变

图 3-73

形"选项，分别设置"拉链振幅"和"拉链频率"的数值（图 3-74）。

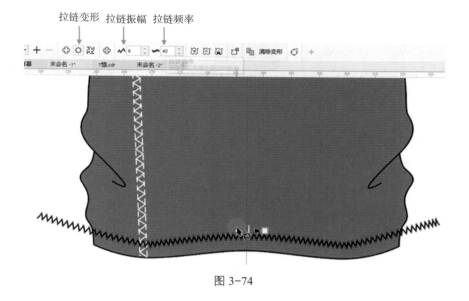

图 3-74

（8）使用"选择"工具，选择拉链变形线并右击，选择"转换为曲线"命令（图 3-75）。

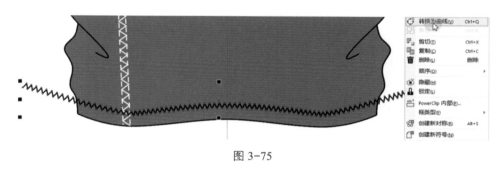

图 3-75

（9）使用"形状"工具，框选多余的节点，按 Delete 键删除（图 3-76）。

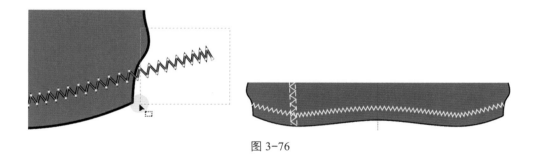

图 3-76

（10）使用"选择"工具，将备用的结构线放置到折线的上端。

（11）使用"形状"工具，双击添加节点，删除两端多余的部位（图 3-77）。

图 3-77

（12）使用"选择"工具，按住 Shift 键，先选中实线，再选中已设置过的明线，在"参数"属性栏上单击"合并"按钮，即可将实线合并为明线的相同属性（图 3-78）。

图 3-78

（13）按 Ctrl+K 组合键进行拆分。

（14）在向下拖曳的同时右击，复制出下面的明线（图 3-79）。Z 字缝线绘制完成。

图 3-79

3.5.2　工作任务 2：夹克衫

夹克衫款式如图 3-80 所示。任务实施单见表 3-3。

图 3-80

表 3-3　任务实施单

序号	步骤	操作说明	制作标准
1	夹克衫廓形绘制	运用男子人台进行廓形绘制	比例美观协调，服装廓形及内部结构符合形式美法则，结构合理，可生产、能穿脱；线条流畅清晰，粗细恰当，层次清楚
2	夹克衫图层设置与填色	通过"对象"泊坞窗进行图层设置；运用"智能填充"工具进行基础填色	绘图规范，结构表现合理，充分体现服装缝制工艺特点，表现方法得当
3	夹克衫拉链绘制	使用"混合"和"新建路径"工具完成各部位拉链的绘制	辅料质地表现充分，绘图规范，充分体现拉链的金属工艺和造型特征，层次感强
4	夹克衫拉链头绘制	运用"渐变填充"工具进行拉链头金属感的绘制	
5	夹克衫拉链头放置与罗纹绘制	使用"混合"工具进行罗纹的绘制	罗纹和网眼面料肌理体现充分；能根据面料的质地、性能恰当地表现服装风格和款式造型

序号	步骤	操作说明	制作标准
6	夹克衫网眼面料绘制 	使用"变形"工具进行网眼面料的绘制	罗纹和网眼面料肌理体现充分；能根据面料的质地、性能恰当地表现服装风格和款式造型

3.5.2.1　夹克衫轮廓绘制

运用男子人台进行夹克衫廓形绘制。操作方法参考"2.5.1.1　男衬衫廓形绘制"（图 3-81）。

3.5.2.2　夹克衫图层设置与填色

线稿绘制好之后，进行图层的设置。

（1）明线和内部结构较多的图形，一般需要设置 3 个图层，分别是廓形"线稿""颜色"和内部"明线"（图 3-82）。

（2）在"对象"泊坞窗中选中所有的明线（按 Shift 键可连续选择），拖曳到"明线"图层。

（3）将"明线"图层隐藏并锁定（图 3-83）。

图 3-81　　　　　　　图 3-82

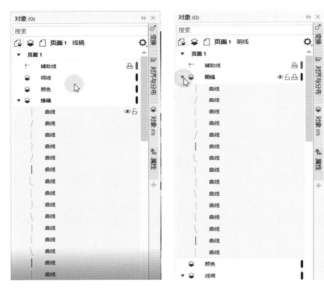

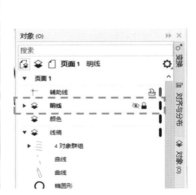

图 3-83

（4）使用"选择"工具框选所有的图形，单击"创建边界"按钮（图 3-84）。

（5）可以填充一个颜色，看是否创建成功，把创建的边界图形拖到"颜色"图层，折叠"线稿"和"颜色"图层，把"颜色"图层拖曳到最下面。

三个图层的顺序："颜色"图层在最下面，"线稿"图层在中间，"明线"图层在最上面，按照这种顺序进行排列（图 3-85）。

（6）将"线稿"图层进行锁定，选中"颜色"图层（图3-86）。

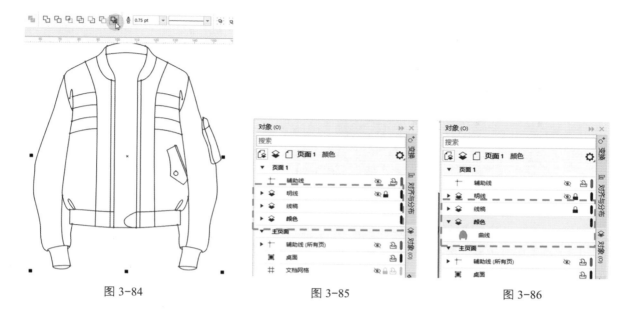

图 3-84　　　　　　　图 3-85　　　　　　　图 3-86

（7）使用"智能填充"工具，生成需要填充颜色的闭合图形，可以先填充任意的颜色。

（8）在所有的闭合图形生成后，再分别设置颜色。例如，夹克衫底色颜色为 R:57，G:88，B:148（图3-87）。

（9）口袋立体效果制作的方法：在"对象"泊坞窗中，打开"线稿"图层，解锁"线稿"图层。选中口袋廓形，使用"形状"工具，按 Ctrl+Shift+Q 组合键转换为对象，通过移动节点调整造型（图3-88）。

夹克衫填色完成（图3-89）。

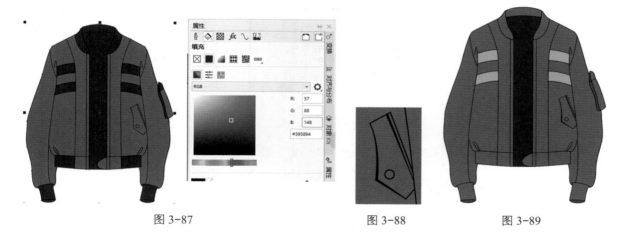

图 3-87　　　　　　　　图 3-88　　　　　　图 3-89

3.5.2.3　拉链绘制

（1）使用"矩形"工具绘制一个矩形。

（2）使用"椭圆"工具绘制一个椭圆。

（3）框选所有对象，在"对齐与分布"泊坞窗中，选择"垂直居中对齐"选项（图3-90）。

图 3-90

（4）使用"钢笔"工具，绘制侧面弧线，按住 Ctrl 键从上向下拉动控制点，同时右击，进行垂直翻转复制，移动至合适位置（图 3-91）。

（5）框选所有图形，单击"创建边界"按钮，填充任意颜色（图 3-92）。

（6）将创建边界的图形移动到空白区域。

（7）使用"矩形"工具，从图形中间向下绘制一个矩形（图 3-93）。

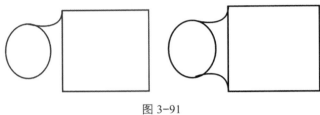

图 3-91

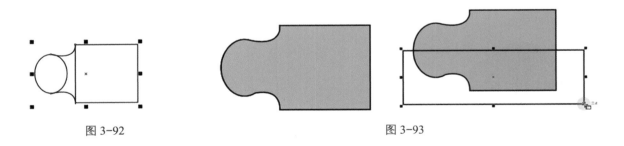

图 3-92   图 3-93

（8）使用"选择"工具框选两个图形，单击"修剪"按钮（图 3-94）。

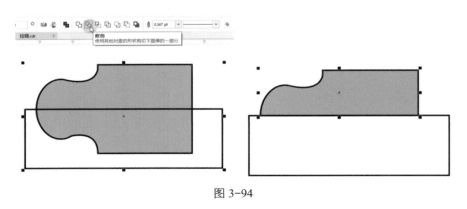

图 3-94

（9）按住 Ctrl 键从上向下拉拽控制点，同时右击，进行垂直翻转复制（图 3-95）。

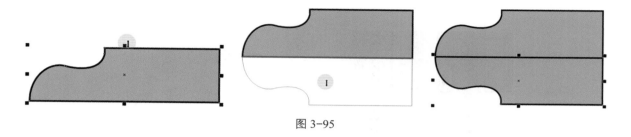

图 3-95

（10）框选 2 个图形，单击"焊接"按钮，拉链齿绘制完成（图 3-96）。

（11）使用"形状"工具调整形状，并填充为黑色，在"CMYK 便捷色"上右击"无颜色"，去掉轮廓。

（12）调整大小。

（13）把拉链齿移动到空白区域，在向下移动的同时右击，进行移动复制。

（14）框选上、下两个拉链齿，单击"左对齐"按钮（图 3-97）。

（15）使用"混合（调和）"工具，对两个拉链齿进行混合，设置混合步数（图 3-98）。

（16）按住 Ctrl 键从右向左拉动控制点，同时右击，进行水平翻转复制（图 3-99）。

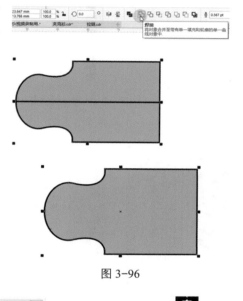

图 3-96

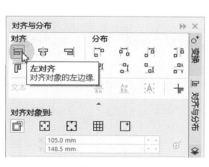

图 3-97

图 3-98　　　　　　　图 3-99

（17）将拉链放到衣服上，根据服装的长短调整拉链齿的位置，再次调整混合步数（图 3-100）。

（18）按住 Ctrl 键，在从左向右拖曳的同时右击，水平翻转复制到右边，调整位置。

（19）选中右边的拉链，在"对象"泊坞窗中把拉链隐藏（图 3-101）。

（20）使用"智能填充"工具，将门襟下端的舌挡生成闭合图形，填充颜色。将拉链取消隐藏，这样拉链就被挡住了（图 3-102）。

图 3-100

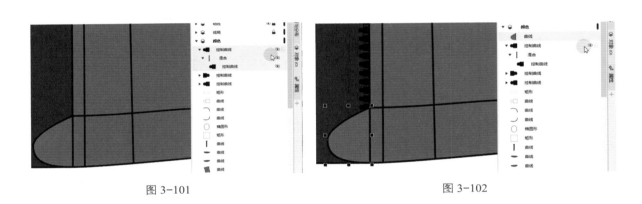

图 3-101 图 3-102

分割线的光感效果拉链设置如下。

（1）选中拉链，按 Ctrl+X 组合键进行剪切，在"线稿"图层按 Ctrl+V 组合键，将拉链移动到"线稿"图层。

（2）选中左、右 2 条分割线，按 Ctrl+C 组合键进行复制，解锁"明线"图层，在"明线"图层按 Ctrl+V 组合键进行粘贴，再锁定"明线"图层（图 3-103）。

（3）在"线稿"图层上选中调和的拉链，单击"新建路径"按钮（图 3-104）。

图 3-103

图 3-104

（4）指示路径线，设置调和步数（图 3-105）。

（5）移动拉链至合适位置。

（6）选中最上面的拉链齿，双击进行旋转，并放置至合适位置（图3-106）。

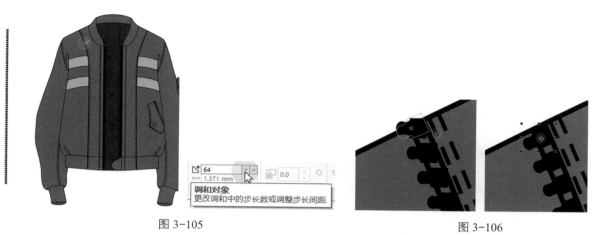

图 3-105　　　　　　　　　　　　　　　　　　图 3-106

（7）将最下面的拉链齿选中，移动至合适位置。

（8）将路径线选中，在"CMYK便捷色"上右击"无颜色"（图3-107）。

（9）将最上面的拉链齿选中，填充为浅灰色（图3-108）。

（10）选中左边的拉链，按住Ctrl键从左向右拉动控制点，同时右击，进行水平翻转复制，移动到右侧，放置到合适位置（图3-109）。

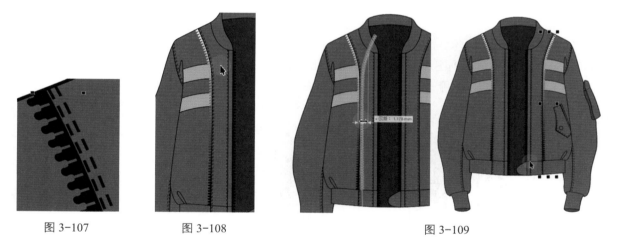

图 3-107　　　　　　　图 3-108　　　　　　　　　　　　图 3-109

（11）解锁"明线"图层。

（12）选中左、右2条分割线，设置轮廓宽度为"1.5 pt"（图3-110）。

图 3-110

（13）选中门襟拉链的最上面 2 个拉链齿，填充为浅灰色（图 3-111）。

拉链绘制完成。

3.5.2.4　拉链头绘制

（1）找一张拉链的图片作为参考。

（2）参考绘制结束后，将绘制的拉链头移动到空白区域。

（3）选中所有对象，在"对齐与分布"泊坞窗中选择"水平居中对齐"选项（图 3-112）。

图 3-111　　　　　　　　　　　　　图 3-112

（4）填充一个基础色，并编辑各个部件的前后顺序，可以直接通过快捷键设置，"到图层前面"快捷键是 Shift+PgUp，"到图层后面"快捷键是 Shift+PgDn（图 3-113）。

（5）拉链头上色。使用"渐变填充"上色，在"属性"泊坞窗打开"渐变填充"面板，在颜色条上设置颜色（图 3-114）。

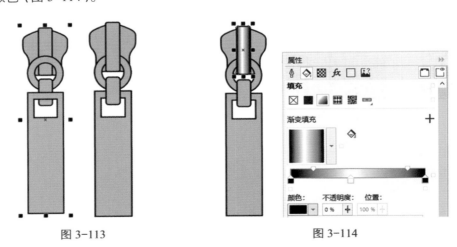

图 3-113　　　　　　　　　　　　　图 3-114

（6）用"椭圆形渐变填充"填充拉链底座。运用同样的方法填充其他部位（图 3-115）。

（7）框选所有对象，在"轮廓"设置中勾选"随对象缩放"复选框，设置轮廓粗细（选细线）（图 3-116）。

（8）选中拉链底座，在向上拖曳的同时右击，进行复制，按 Shift+PgDn 组合键放置到图层后面（图 3-117）。

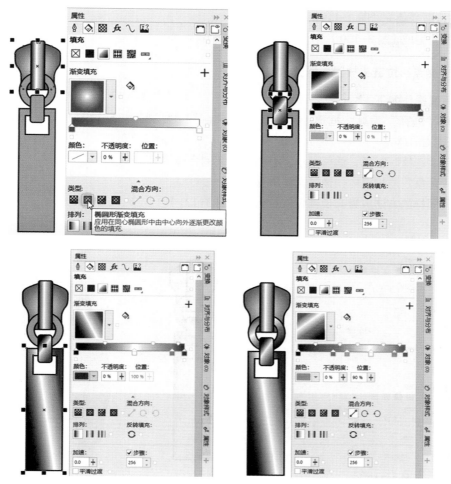

图 3-115

（9）按 Shift 键水平拖曳，可同时向两侧变宽，在 "CMYK 便捷色" 中右击 "无颜色"，设置为无轮廓（图 3-118）。

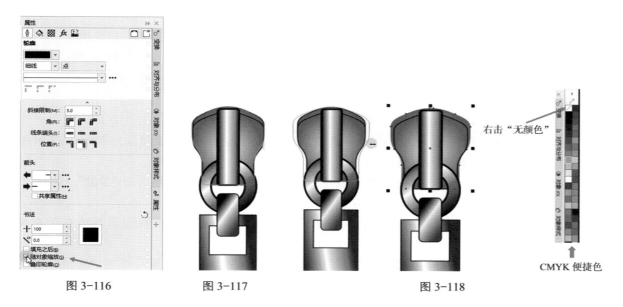

图 3-116　　　　　　　图 3-117　　　　　　　图 3-118

（10）进行渐变填充（图3-119）。

拉链头绘制完成（图3-120）。

3.5.2.5 夹克衫拉链头放置与螺纹绘制

拉链头放置操作如下。

（1）使用"选择"工具，框选绘制好的拉链头，按"复制"快捷键Ctrl+C，在服装文件中按"粘贴"快捷键Ctrl+V。

（2）使用"选择"工具，调整大小，移动到服装的合适位置。

（3）在"对象"泊坞窗中，通过图层调整顺序。

（4）运用同样的方法放置其他部位的拉链头（图3-121）。

| 图3-119 | 图3-120 | 图3-121 |

螺纹绘制：螺纹绘制参考"3.5.1.2 螺纹领绘制"。

3.5.2.6 网眼面料绘制

（1）使用"钢笔"工具，按住Shift键绘制一条垂直线，长度长于填充部位，设置轮廓宽度为2 pt。

（2）使用"变形"工具 ⊠，选择"拉链变形"选项，输入"拉链振幅"和"拉链频率"数值，再选择"平滑变形"选项（图3-122）。

（3）按住Shift键进行拖曳，同时右击，复制出一个新的波浪线，在"参数"状态栏上单击"水平镜像"按钮（图3-123）。

（4）在"轮廓"属性里勾选"随对象缩放"复选框（图3-124）。

（5）框选两条波浪线，按住Shift键水平拖曳，同时右击，进行复制。重复以上命令，按Ctrl+R组合键，宽度要大于所要填充的部位（图3-125）。

（6）框选所有对象，在"CMYK便捷色"中右击色块，设置轮廓新颜色，在"参数"状态栏上单击"组合对象"按钮进行组合（图3-126）。

（7）选择"对象"→"PowerClip"→"置于图文框内部"命令，将网眼面料填充至衣片（图3-127）。

（8）单击"编辑"按钮，可重新进行颜色等方面的编辑，编辑结束可单击"完成"按钮（图3-128）。

网眼面料制作完成（图3-129）。

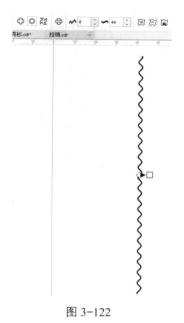

图 3-122

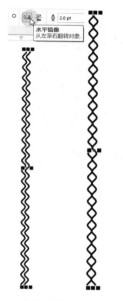

图 3-123

图 3-124

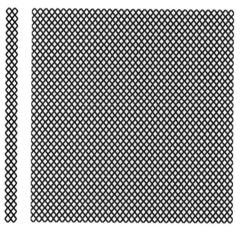

图 3-125

图 3-126

图 3-127

图 3-128   图 3-129

3.5.2.7　龙纹图案填充

（1）选中龙的位图，选择"描摹位图"→"轮廓描摹"→"高质量图像"命令，弹出对话框，勾选"按颜色分组"复选框，单击"颜色"按钮，将"颜色数"设置为31，单击"OK"按钮，将位图转化为矢量图（图 3-130）。

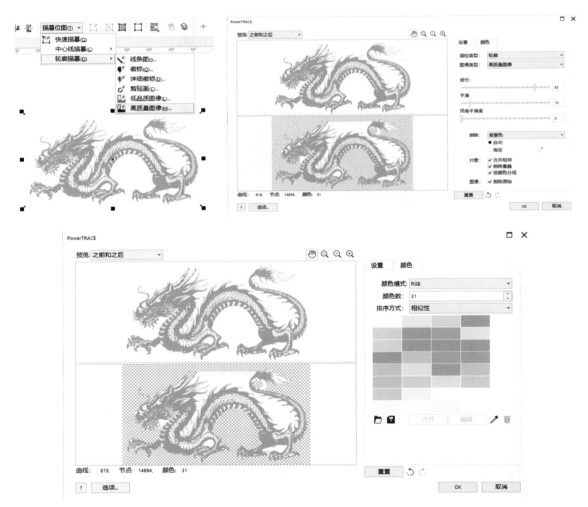

图 3-130

（2）删掉位图，选中矢量图，单击"取消组合对象"按钮（图3-131）。

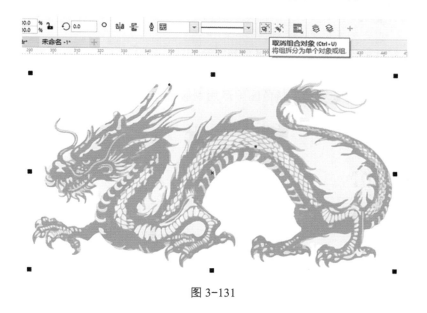

图 3-131

（3）删掉多余底色，使用"形状"工具进行局部造型的调整，填充为新颜色（图3-132）。

图 3-132

（4）选中图案，选择"对象"→"PowerClip"→"置于图文框内部"命令，将图案填充到衣身中，单击"编辑"按钮调整图案大小和方向等，单击"完成"按钮结束（图3-133）。

图 3-133

3.6 拓展训练

1. 运用 Z 字车缝线的绘制方法，完成其他花样缝纫线迹的绘制。
2. 运用汉字和中国传统纹样绘制一款具有民族特色的服饰图案。
3. 将设计的花样缝纫线迹和民族特色图案运用到服装款式中，并结合右侧二维码中款式图进行拓展训练。

拓展训练款式图

3.7 学习评价

项目 3 学习评价表见表 3-4。

表 3-4 项目 3 学习评价表

评价指标		评价标准			评价方式		
		优	良	合格	自评（15%）	互评（15%）	教师评价（70%）
工作能力（35%）	分析能力（5%）	能正确分析订单需求和款式特点，正确合理地选择使用工具	能正确分析订单需求和款式特点，较好地选择使用工具	能分析订单需求和款式特点			
	实操能力（25%）	能准确地利用软件的工具，制订详细的款式绘制操作步骤	能准确地利用软件的工具，制订款式绘制操作步骤	能准确地利用软件的工具，制订部分款式绘制操作步骤			
		相关工具操作规范，正确进行款式绘制，合理完成全部内容的绘制	相关工具操作规范，较正确地进行款式绘制，合理完成全部内容的绘制	相关工具操作相对规范，能进行款式绘制，完成部分内容的绘制			
	合作能力（5%）	能与其他组员分工合作；能提出合理见解和想法	能与其他组员分工合作；能提出一定的见解和想法	能与其他组员分工合作			
学习策略（20%）	学习方法（10%）	格式符合标准，内容完整，有详细记录和分析，并能提出一些新的建议	格式符合标准，内容完整，有一定的记录和分析	格式符合标准，内容较完整			
	自我分析（10%）	能主动倾听、尊重他人意见	能倾听、尊重他人意见	能倾听他人意见			
		能很好地表达自己的看法	能较好地表达自己的看法	能表达自己的看法			
		能从小组的想法中提出更有效的解决方法	能从小组的想法中提出可能的解决方法	偶尔能从小组的想法中提出自己的解决方法			
成果作品（45%）	规范性（15%）	作品制作非常规范	作品制作规范	作品制作相对规范			
	标准化（15%）	作品整体符合企业产品标准	作品大部分符合企业产品标准	作品局部符合企业产品标准			
	创新性（15%）	作品具有很好的创新性	作品具有较好的创新性	作品有一定的创新性			

项目 4 ✂
西装款式绘制

4.1 项目导入

项目 4 任务书见表 4-1。

表 4-1　项目 4 任务书

项目任务书	
项目 来源	某服饰公司的春夏服装产品开发项目
工作 任务	根据企业"春夏服装产品开发项目企划方案"，结合国风潮流的流行趋势，参考以下款式，为企业设计新款式，完成西装单品款式图的设计表现 企业的企划方案（部分内容）
工作 要求	1. 款式造型符合服装结构要求和审美要求； 2. 线稿自然流畅，明暗关系准确； 3. 款式色彩关系明确，画面生动和谐； 4. 画面干净整洁，造型表现生动完整

	项目任务书
工作标准	产品创意设计（中级）职业技能等级标准： 1. 熟练使用设计类的二维表现软件，能对产品创意、产品造型等实施设计表现工作。 2. 能针对产品的材质、颜色、表面纹理等制作产品创意设计效果图。 3. 在设计方案完成的前提下，能用设计类软件，将产品创意的重点、操作方式、结构特点等内容表达完整。 服装设计师职业技能要求： 1. 能把握服装的比例，正确表达服装的廓形及内部结构。 2. 能表现服装的色彩搭配与面料质感。 3. 能使用 Photoshop、CorelDRAW、Illustrator 等计算机软件绘制服装款式图。 服装设计与工艺技能大赛赛项评分要点： 1. 款式图表达技法：款式图线条流畅清晰，粗细恰当，层次清楚；比例美观协调，符合形式美法则；结构合理，可生产、能穿脱。 2. 计算机款式图绘制：充分体现服装廓形、比例、工艺和结构特征，绘图规范，图面干净，线迹清爽。 3. 色彩与面料：色彩搭配协调，注意流行色的运用，表现得当，有层次感，面料肌理充分体现；能根据面料的质地、性能恰当地表现服装风格和款式造型。 4. 设计说明：清晰表述服装设计风格、流行趋势元素的运用，以及服装造型、结构、面料、色彩、工艺的特点。 5. 整体效果：服装整体搭配恰当

4.2　任务思考

问题 1 扫描右侧二维码观察西装款式图，分析西装款式特点是什么。

问题 2 扫描右侧二维码观察西装款式图，分析西装款式图中的图案是运用什么表现手法表达的。

西装款式图

4.3　知识准备

1. "封套"工具 ⊠（CorelDRAW）

直线模式 □：基于直线创建封套，为对象添加透视点。

单弧模式 □：创建一边带弧形的封套，使对象为凹面结构或凸面结构外观。

双弧模式 □：创建一边或多边带 S 形的封套。

非强制模式 ✐ 创建任意形式的封套，允许改变节点的属性及添加和删除节点。

使用封套工具调整造型时，拖动节点即可调整矢量图和位图的造型。

2. "魔术棒"工具 ✷（Photoshop）

将鼠标移至图像的任意处，单击并释放，即可选中颜色一致的区域作为选区。

"魔术棒"工具最重要的属性是"容差"，容差就是颜色差异点数，如图 4-1 所示。

图 4-1

在"工具"属性栏中，勾选"连续"复选框，则只对连续区域进行框选；如果不勾选该复选框，则与框中对象颜色相近的区域也会被选中，如图 4-2 所示。

图 4-2

3. 图片色彩模式

为什么喷绘出来的颜色跟设计稿对不上？为什么设计文件打印出来的颜色都会变绿？为什么 CMYK 模式下这些颜色怎么调都特别灰？

扫描右侧二维码，通过动画了解 RGB 与 CMYK 两种色彩模式的区别。选择恰当的色彩模式，有助于设计的准确表现。

4. 图层

在 CorelDRAW、Illustrate、Photoshop 软件中都有图层，什么是图层？扫描右侧二维码，通过动画学习图层知识。

视频：图片处理
色彩模式

视频：图层

4.4　素养提升

通过阅读红帮文化和中国传统纹样的相关内容，感受中国传统服饰文化，对中国传统服饰文化进行传承并发扬光大，增强民族自信。

红帮文化——创新、工匠精神

你了解中国的第一套西装、第一家西服店、第一部西服理论专著、第一家西服工艺学校的相关知识吗？扫描右侧二维码阅读文章，思考并探讨以下问题。

（1）红帮裁缝的发展历程是怎样的？

（2）从红帮文化中你读到了哪些精神？

中国传统服饰文化——海水江崖纹图案

海水江崖纹是中国的一种传统纹样（图案），俗称"江牙海水""海水江牙"，是常饰于古代龙袍、官服下摆的吉祥纹样。扫描右侧二维码阅读文章，思考如何将海水江崖纹应用于服装款式设计中。

中国色彩故事——紫气东来

在世界文化中，东方色彩是一个庞大的观念与应用体系，具有独特的经验智慧和理性结构。扫描右侧二维码观看动画，学习中国色彩的历史故事，感受中国色彩体系的魅力，思考中国传统色彩的当代应用。

品红帮文化——
创新、工匠精神

品中国传统服饰
文化——海水江
崖纹图案

读中国色彩
故事——紫气东来

4.5 任务实施

任务描述

以女西装和男西装为工作任务对象，进行留白效果、阴影效果、立体效果、图案填充及西装款式图的绘制。

任务目标

（1）**素质目标**：学习红帮文化，感受中国传统服饰文化与西方款式的融合创新，激发学生的创新意识和文化自信；引导学生树立正确的人生观、价值观和责任意识；树立规则意识，培养精益求精、追求信誉与品质的职业道德。

（2）**知识目标**：掌握 CorelDRAW 2019 版本相关工具的使用方法，包括"封套"工具；掌握 Photoshop 2020 版本相关工具的使用方法，包括"魔术棒"工具、"钢笔"工具、图层管理工具等。

（3）**能力目标**：能够熟练使用 CorelDRAW 2019 版本和 Photoshop 2020 版本的工具；能够绘制西装款式图。

实施准备

只有了解男、女西装款式的特点，在绘制西装款式图时才能准确表现各部位的结构。

1. 女西装款式分析

女西装作为"独立女性"的职场战袍，展现出独立女性特有的干练气质，扫描右侧二维码观看视频，思考并探讨女西装的变化设计体现在哪些方面。

视频：女西装
款式分析

2. 男西装款式分析

男西装作为男士服装的重点单品之一，通过考究的造型和独具匠心的工艺诠释着男士的成功形象和魅力，扫描右侧二维码观看视频，思考并探讨以下问题。

（1）男西装有哪些领型？

（2）男西装的变化设计体现在哪些方面？

视频：男西装
款式分析

4.5.1　工作任务 1：女西装

女西装款式如图 4-3 所示。任务实施单见表 4-2。

图 4-3

表 4-2　任务实施单

序号	步骤	操作说明	制作标准
1	女西装廓形绘制	借助女子人台模型进行廓形绘制，使用"钢笔"工具绘制廓形，使用"艺术笔"工具设置服装褶线	比例美观协调，服装廓形及内部结构符合形式美法则，结构合理，可生产、能穿脱；线条流畅清晰，粗细恰当，层次清楚
2	女西装填色、留白效果制作	使用"智能填充"工具分别生成各部位的闭合图形；留白区域设置 2 层，底层为白色，顶层向内缩小，留出三角形的白色区域	绘图规范，结构表现合理，色彩搭配协调，画面效果整体性强
3	女西装阴影绘制和局部图案填充	运用"智能填充"工具生成闭合区域，设置透明度作为阴影层；局部图案用"形状"工具抠图	图案表现自然，工具运用合理，层次感强

4.5.1.1　女西装廓形绘制

运用人台模型进行廓形绘制，操作方法参考"2.5.1.1　男衬衫廓形绘制"（图 4-4）。

4.5.1.2　女西装填色、留白效果制作

（1）在"查看"菜单栏中隐藏辅助线。

（2）使用"选择"工具框选所有的线，在"参数"属性栏上单击"创建边界"按钮，填充任一颜色（图 4-5）。

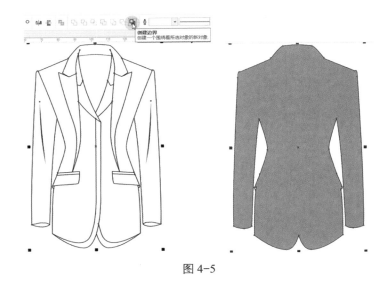

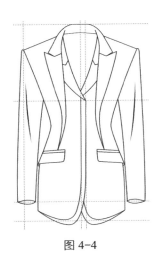

图 4-4 图 4-5

（3）在"对象"泊坞窗中，将创建的边界图形通过拖曳的方式移动到"颜色"图层。调整图层顺序，让"线稿"图层始终在最上面（图 4-6）。

（4）单击"线稿"图层右边的"锁定"图标，将"线稿"图层锁定（图 4-7）。

（5）进行颜色填充时，可以通过提取参考图片颜色的方式选择颜色，然后进行颜色填充。

将参考图片复制到文件中，选中图片，在屏幕下方的"历史颜色区"左侧单击向右的三角 ▶ ，选择"调色板"→"从选定内容添加"命令，打开"从位图添加颜色"对话框，默认添加 10 个颜色，也可以通过右侧的上、下箭头调整添加的数量，设置好后单击"OK"按钮（图 4-8）。

图 4-6 图 4-7

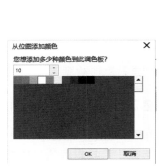

历史颜色区

图 4-8

选择边界图形，在"历史颜色区"单击色块，填充颜色。

（6）服装内部闭合造型的生成：使用"智能填充"工具，在需要生成闭合图形的位置单击即可（图 4-9）。

在进行智能填充时，可以先不管填充的颜色，采用默认的颜色进行填充，后期可整体调整。

在"对象"泊坞窗中，单击第一个对象，然后按住 Shift 键单击最后一个对象，即可进行连续选择（图 4-10）。

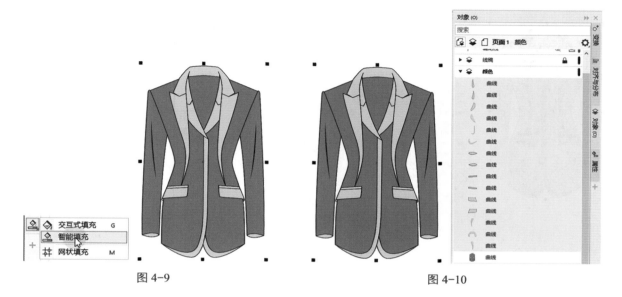

图 4-9　　　　　　　　　　　　　　　　　图 4-10

在"属性"泊坞窗中进行颜色填充，用"颜色滴管"工具吸取边界图形颜色，在"颜色查看器"中选择一个略深的颜色（图 4-11）。

使用"智能填充"工具生成的闭合图形是有填充和轮廓的。

去掉轮廓的方法：在"CMYK 便捷色"上右击"无颜色"；或者在"轮廓属性"泊坞窗中，单击"无轮廓颜色"（图 4-12）。

图 4-11　　　　　　　　　　　　　　　　　图 4-12

（7）留白效果制作。在"对象"泊坞窗中，单击第一个对象，然后按住 Shift 键单击最后一个对象，选中所有深色对象。按 Ctrl+C 组合键进行复制，再按 Ctrl+V 组合键进行粘贴，形成 2 层（图 4-13）。

在"对象"泊坞窗中，按住 Shift 键将下面一层的所有对象选中，在"CMYK 便捷色"上单击"白色"，填充为白色（图 4-14）。

使用"形状"工具，调整节点位置进行留白。留白要注意韵律感，采用三角形原则，一个部位的留白要有窄有宽（图 4-15）。

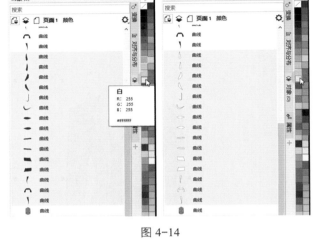

图 4-13　　　　　　　　　　　　　　　　图 4-14

女西装填色、留白效果制作完成（图 4-16）。

4.5.1.3　女西装阴影绘制和局部图案填充

阴影绘制的操作方法如下。

（1）使用"钢笔"工具，根据服装的造型特点，把阴影的形状绘制出来（图 4-17）。

（2）使用"智能填充"工具，单击阴影部位，生成阴影部位的闭合图形（图 4-18）。

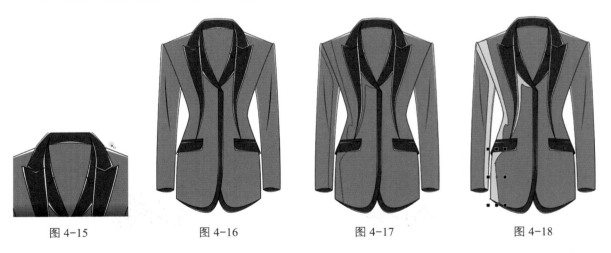

图 4-15　　　　　　　图 4-16　　　　　　　图 4-17　　　　　　　图 4-18

（3）在"对象"泊坞窗中，按住 Shift 键单击阴影部位图形的第一个和最后一个，即全部选中，在"CMYK 便捷色"上右击"无颜色"，设置为无轮廓（图 4-19）。

（4）在"填色属性"泊坞窗中，使用"颜色滴管"工具吸取领子处的深色，填充到阴影部位（图 4-20）。

（5）在"透明度"属性中，选择"均匀透明度"选项，调整透明度的数值，使其透明。

（6）在"对象"泊坞窗中，按住 Shift 键，选中所有前面绘制的阴影线，按 Delete 键删除（图 4-21）。

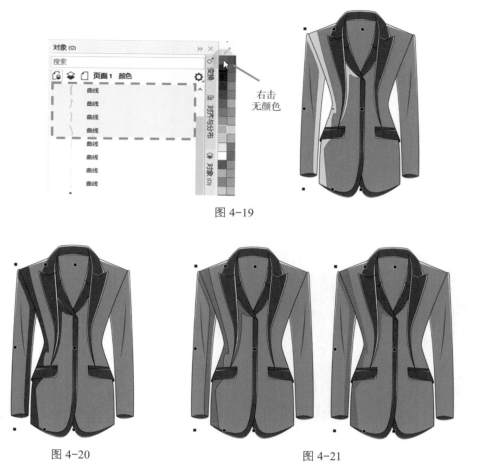

图 4-19

图 4-20   图 4-21

（7）按住 Ctrl 键，从左侧向右侧拖曳控制点，同时右击，将阴影复制到右侧（图 4-22）。

领子图案填充的操作方法如下。

（1）将需要的位图图案通过复制、粘贴的方式粘贴到文件中。

（2）使用"选择"工具，调整图案的大小，双击进行旋转，移动到领子的部位，调整位置。

（3）使用"封套"工具调整节点，使位图图案符合领子部位的造型（图 4-23）。

（4）使用"选择"工具，将位图图案先移动到空白区域。

（5）在"对象"菜单栏中选择"PowerClip"→"置于图文框内部"命令，单击领子（图 4-24）。

图 4-22   图 4-23   图 4-24

（6）为使图案更加自然，单击"编辑"按钮对位图图案进行再次编辑。

在"透明度属性"泊坞窗中，选择"均匀透明度"选项，调整透明度的数值，使其达到自然的效果。

使用"选择"工具，按住 Ctrl 键，在从左向右拖曳控制点的同时右击，将其水平翻转复制，移动到右侧领子上（图 4-25）。

袖口图案填充的操作方法如下。

（1）使用"选择"工具，调整图案的大小及位置。

（2）按 F10 键切换至"形状"工具，在关键部位双击加节点，根据袖子和图案的形状调整节点。

（3）框选所有节点，在"参数"属性栏上单击"转换为曲线"按钮调整形状；单击节点，节点上的拉杆出现，调整拉杆（图 4-26）。

（4）选择"均匀透明度"选项，调整透明度数值。

图 4-25

图 4-26

（5）在"对象"泊坞窗中，将图案拖至袖子阴影的下面（图 4-27）。

（6）使用"选择"工具，移动左袖口的图案到右袖口，同时右击，在"参数"属性栏上单击"水平镜像"按钮 ，调整位置，完成右袖口图案的绘制（图 4-28）。

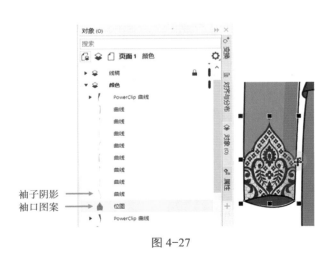

图 4-27

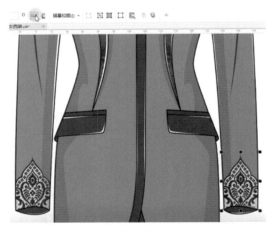

图 4-28

（7）使用"椭圆"工具，按住 Ctrl 键绘制一个正圆作为纽扣。在"填充属性"泊坞窗中，选择"渐变填充"选项，类型选择"矩形渐变填充"，调整滑块颜色及位置（图 4-29）。

（8）编辑纽扣的前后顺序。在"对象"泊坞窗中，把"线稿"图层解锁，将纽扣从"填充"图层拖曳至"线稿"图层，并且放置在"线稿"图层的最上面（图 4-30）。女西装阴影绘制和局部图案填充完成。

图 4-29

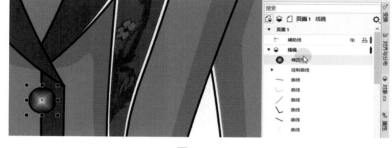

图 4-30

4.5.2 工作任务 2：男西装

男西装款式如图 4-31 所示。任务实施单见表 4-3。

图 4-31

表 4-3 任务实施单

序号	步骤	操作说明	制作标准
1	男西装廓形绘制	在 CoreDRAW 中运用真实模特和成衣进行廓形绘制，导出 PSD 格式	比例美观协调，服装廓形及内部结构符合形式美法则，结构合理，可生产、能穿脱；线条流畅清晰，粗细恰当，层次清楚
2	男西装图层设置	在 Photoshop 中，使用"魔术棒"工具建立各个部位的选区，设置衣身、袖子、领子等各部位的图层	绘图规范，工具运用合理
3	男西装立体效果表现	在 Photoshop 中，使用"画笔"工具绘制立体效果，通过创建剪切蒙版，使用画笔工具绘制暗面和亮面的效果	服装立体效果表现准确，明暗关系合理，画面层次感强
4	男西装图案填充	在 Photoshop 中，使用"快速选择"工具选取图案；通过创建剪切蒙版，填充西装各部位的图案	图案表现自然，色彩搭配协调，画面效果整体性强

4.5.2.1 男西装廓形绘制

（1）运用真人模型进行廓形绘制，操作方法参考"2.5.1.1 男衬衫廓形绘制"（图 4-32）。

图 4-32

（2）西装廓形绘制好之后，单击"导出"按钮，命名为"男西装廓形"，保存类型选择为 PSD 格式，单击"导出"按钮，再单击"OK"按钮（图 4-33）。

图 4-33

4.5.2.2   图层设置

（1）打开 Photoshop 软件，选择"文件"→"新建"命令，选择 A4 纸，设置分辨率为 300，背景内容为白色，单击"创建"按钮（图 4-34）。

（2）选择"文件"→"打开"命令，选择"男西装廓形"文件（图 4-35）。

（3）按 Ctrl+A 组合键进行全选，使用"移动"工具 ，将男西装廓形拖曳至新建的文件中，双击"图层 1"将其命名为"线稿"（图 4-36）。

（4）使用"魔术棒"工具 选择线稿以外的区域，右击选择"选择反向"命令（图 4-37）。

（5）单击"新建图层"按钮，将新建"图层 1"拖曳至"线稿"图层的下面，选择颜色，按 Alt+Delete 组合键填充为前景色，按 Ctrl+D 组合键取消选区（图 4-38）。

图 4-34

图 4-35

图 4-36

图 4-37

图 4-38

（6）使用"钢笔"工具  绘制袖子（"钢笔"工具的使用方法跟 CorelDRAW 中"钢笔"工具的使用方法一样），外侧区域可以随意勾画，画好之后按 Ctrl+Enter 组合键创建选区，再按住 Ctrl+Alt+Shift 组合键，单击"图层 1"的缩略图，即可完成袖子的选区（图 4-39）。

（7）单击"新建图层"按钮，按 Alt+Delete 组合键填充为前景色，把"图层 2"命名为"袖子"，按 Ctrl+D 组合键取消选区（图 4-40）。

按 Ctrl+Alt+Shift 组合键，
单击"图层 1"的缩略图

图 4-39

图 4-40

（8）使用相同的方法，完成衣身、领子、后领、后片的选区建立与填色（图 4-41）。

（9）将"图层 1"命名为"底色"（图 4-42）。

（10）对所创建的图层进行排序，将"后片"图层放在"底色"图层的上面，将"领子"图层放在"后领"图层的上面（图 4-43）。

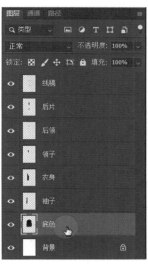

图 4-41   图 4-42   图 4-43

（11）用"钢笔"工具勾出袖口后片，可同时勾画左、右两个位置，按 Ctrl+Alt+Shift 组合键，单击"底色"的缩略图，新建图层，把它拖曳到"线稿"图层的下面，按 Alt+Delete 组合键填充为前景色，把"图层 2"命名为"袖口"，按 Ctrl+D 组合键取消选区（图 4-44）。

（12）按住 Shift 键将服装各部位的图层选中，单击"锁定透明像素"按钮▨，这样，按住 Ctrl 键可以直接进行选择（图 4-45）。

（13）单击"底色"图层前面的小眼睛图标进行隐藏。

（14）把左边的图形进行复制，选中"袖子"图层，按住 Alt 键向下拖曳，出现双箭头时松开鼠标，出现"袖子"的拷贝图层，按 Ctrl+T 组合键进行自由变换，右击，选择"水平翻转"命令，移动到右侧合适位置，按 Enter 键确定（图 4-46）。

图 4-44

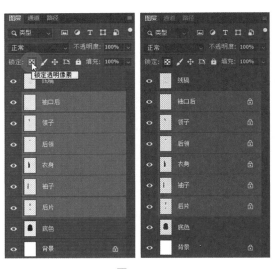

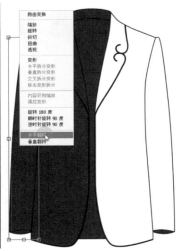

图 4-45　　　　　　　　　　　　　　　　　　图 4-46

（15）按住 Shift 键选中"袖子"和"袖子－拷贝"图层，右击，选择"合并图层"命令（图 4-47）。

（16）同样方法把衣身、领子右片完成，并分别合并图层（图 4-48）。

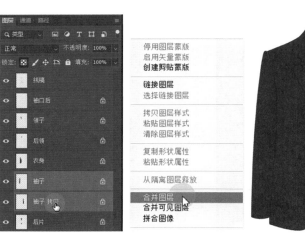

图 4-47　　　　　　　　　　　　　　　　　　图 4-48

（17）按住 Shift 键将服装各部位的图层选中，单击"锁定透明像素"按钮（图 4-49）。

（18）新建"图层 1"，使用"画笔"工具，选择"硬圆边"，把"不透明度"和"流量"设置为 100%，分别绘制出深色、灰色、浅色，以便于后期拾取颜色（图 4-50）。

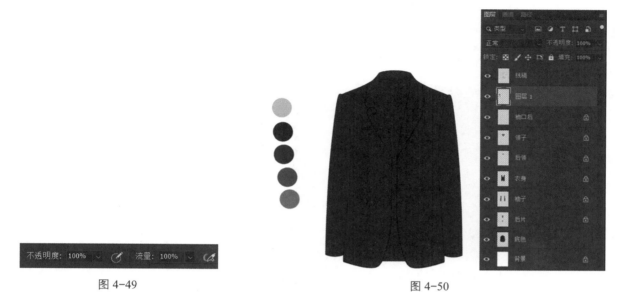

图 4-49　　　　　　　　　　　　　　　　　　　　　图 4-50

4.5.2.3　立体效果

（1）使用"画笔"工具 （快捷键 B），画笔的样式选择"柔边圆压力"。在"衣身"图层上面创建一个新图层，按住 Alt 键，将鼠标放在新建的图层和"衣身"图层中间，出现向下箭头时单击左键，创建剪切蒙版，这样使用"画笔"绘制时只会显示出衣身范围的内容，这就是剪切蒙版的作用（图 4-51）。

（2）在"画笔"工具下按住 Alt 键可吸取颜色。

（3）进行暗面的绘制。将图层的样式设置为"正片叠底"，将不透明度设置为 40% 左右。在英文输入法状态下，按中括号键可以设置画笔大小，按左括号键为缩小，按右括号键为放大。在绘制时笔触尽量拉长一点（图 4-52）。

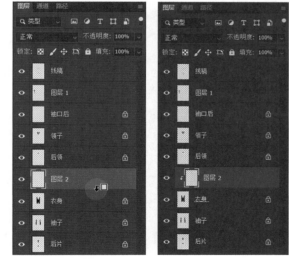

图 4-51　　　　　　　　　　　　　　　　　　　　　图 4-52

（4）进行亮面的绘制。新建一个图层，调整"不透明度"和"流量"，在绘制的过程中，可随时切换"橡皮擦"工具（快捷键E）进行擦除，使其自然过渡。

（5）使用同样的方法，完成袖子、领子等部位的立体效果处理。在绘制过程中可以通过快捷键进行"画笔"工具和"橡皮擦"工具的切换，"画笔"工具的快捷键是B，"橡皮擦"工具的快捷键是E（图4-53）。

4.5.2.4　图案填充

（1）打开一个"海水江崖纹"图案，单击图层后面的小锁标志进行解锁（图4-54）。

图 4-53　　　　　　　　　　　　　　　　　　　　　图 4-54

（2）使用"快速选择"工具 选择想要的部位，按住 Shift 键可以加选，按住 Alt 键可以减选，在英文输入法状态下按中括号键可以设置选择工具的范围大小，按左括号键可使选择工具范围变小，按右括号键可使选择工具变大。

（3）纹样选好后，单击"选择并遮住"按钮，在弹出的对话框中，选择输出为"新建带有图层蒙版的图层"，单击"确定"按钮（图4-55）。

图 4-55

（4）选中"带有蒙版的图层"，按 Ctrl+C 组合键进行复制。

（5）切换到男西装效果图文件，选择"衣身"图层，按 Ctrl+V 组合键进行粘贴，按住 Alt 键，鼠标放在"图案"图层和"衣身"图层中间，出现向下箭头时单击，创建剪切蒙版，这样图案纹样只在衣身部位显示（图 4-56）。

（6）按 Ctrl+T 组合键进行自由变换，调整大小，按 Enter 键确定（图 4-57）。

图 4-56　　　　　　　　　　　　　　　　　　　图 4-57

（7）将衣身左边图案图层选中，按住 Alt 键向下轻轻拖曳，在出现双箭头图标时松开鼠标，复制图层，按 Ctrl+T 组合键进行自由变换，右击，选择"水平翻转"命令，移动到右侧合适位置，按 Enter 键确定（图 4-58）。

图 4-58

（8）按住 Shift 键将图案的 2 个图层选中，右击，选择"合并图层"命令。

（9）立体效果制作方法：通过"加深"和"减淡"工具调整明暗关系，按中括号键调整大小，两侧用"加深"工具 加深，中间部位用"减淡"工具调亮（图 4-59）。

（10）使用同样的方法进行领子图案的放置，选中图案图层蒙版的缩略图，使用"画笔"工具，将前景色设为黑色，将不透明度设置在 50% 左右，用"画笔"工具擦除图案边缘，即可呈现透明效果，在画的过程中可以随时调整不透明度（图 4-60）。

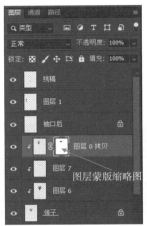

图 4-59 图 4-60

（11）将领子左边图案图层选中，按住 Alt 键向下轻轻拖曳，在出现双箭头图标时松开鼠标，复制图层，按 Ctrl+T 组合键进行自由变换，右击，选择"水平翻转"命令，移动到右侧合适位置，按 Enter 键确定。

（12）使用同样的方法完成袖子图案的放置和立体效果的制作（图 4-61、图 4-62）。

图 4-61 图 4-62

4.6　拓展训练

1. 运用中国传统纹样绘制一款具有民族特色的时尚女职业装。
2. 扫描右侧二维码，结合中国元素完成款式图的绘制训练。

拓展训练款式图

4.7　学习评价

项目 4 学习评价表见表 4-4。

表 4-4　项目 4 学习评价表

评价指标		评价标准			评价方式		
		优	良	合格	自评（15%）	互评（15%）	教师评价（70%）
工作能力（35%）	分析能力（5%）	能正确分析订单需求和款式特点，正确合理地选择使用工具	能正确分析订单需求和款式特点，较好地选择使用工具	能分析订单需求和款式特点			
	实操能力（25%）	能准确地利用软件的工具，制订详细的款式绘制操作步骤	能准确地利用软件的工具，制订款式绘制操作步骤	能准确地利用软件的工具，制订部分款式绘制操作步骤			
		相关工具操作规范，正确进行款式绘制，合理完成全部内容的绘制	相关工具操作规范，较正确地进行款式绘制，合理完成全部内容的绘制	相关工具操作相对规范，能进行款式绘制，完成部分内容的绘制			
	合作能力（5%）	能与其他组员分工合作；能提出合理见解和想法	能与其他组员分工合作；能提出一定的见解和想法	能与其他组员分工合作			
学习策略（20%）	学习方法（10%）	格式符合标准，内容完整，有详细记录和分析，并能提出一些新的建议	格式符合标准，内容完整，有一定的记录和分析	格式符合标准，内容较完整			
	自我分析（10%）	能主动倾听、尊重他人意见	能倾听、尊重他人意见	能倾听他人意见			
		能很好地表达自己的看法	能较好地表达自己的看法	能表达自己的看法			
		能从小组的想法中提出更有效的解决方法	能从小组的想法中提出可能的解决方法	偶尔能从小组的想法中提出自己的解决方法			
成果作品（45%）	规范性（15%）	作品制作非常规范	作品制作规范	作品制作相对规范			
	标准化（15%）	作品整体符合企业产品标准	作品大部分符合企业产品标准	作品局部符合企业产品标准			
	创新性（15%）	作品具有比很好的创新性	作品具有较好的创新性	作品有一定的创新性			

✂ 项目 5
外套款式绘制

5.1 项目导入

项目 5 任务书见表 5-1。

表 5-1 项目 5 任务书

项目任务书	
项目 来源	某服饰公司的春夏服装产品开发项目
工作 任务	根据企业"春夏服装产品开发项目企划方案",结合国风潮流的流行趋势,参考以下款式,为企业设计新款式,完成外套单品款式图的设计表现 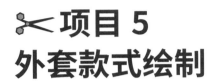 企业的企划方案(部分内容)
工作 要求	1.款式造型符合服装结构要求和审美要求; 2.线稿自然流畅,明暗关系准确; 3.款式色彩关系明确,画面生动和谐; 4.画面干净整洁,造型表现生动完整

项目任务书	
工作 标准	产品创意设计（中级）职业技能等级标准： 1. 熟练使用设计类的二维表现软件，能对产品创意、产品造型等实施设计表现工作。 2. 能针对产品的材质、颜色、表面纹理等制作产品创意设计效果图。 3. 在设计方案完成的前提下，能用设计类软件将产品创意的重点、操作方式、结构特点等内容表达完整。 服装设计师职业技能要求： 1. 能把握服装的比例，正确表达服装的廓形及内部结构。 2. 能表现服装的色彩搭配与面料质感。 3. 能使用 Photoshop、CorelDRAW、Illustrator 等计算机软件绘制服装款式图。 服装设计与工艺技能大赛赛项评分要点： 1. 款式图表达技法：款式图线条流畅清晰，粗细恰当，层次清楚；比例美观协调，符合形式美法则；结构合理，可生产、能穿脱。 2. 计算机款式图绘制：充分体现服装廓型、比例、工艺和结构特征，绘图规范，图面干净，线迹清爽。 3. 色彩与面料：色彩搭配协调，注意流行色的运用，表现得当，有层次感，面料肌理充分体现；能根据面料的质地、性能恰当地表现服装风格和款式造型。 4. 设计说明：清晰表述服装设计风格、流行趋势元素的运用，以及服装造型、结构、面料、色彩、工艺的特点。 5. 整体效果：服装整体搭配恰当

5.2 任务思考

问题 1 扫描右侧二维码观察外套款式图，分析款式特点是什么，每个款式包含哪些面料。

问题 2 扫描右侧二维码观察外套款式图，分析外套款式图中面料图案的特点是什么。

外套款式图

5.3 知识准备

1. 剪切蒙版

Photoshop 中的剪切蒙版可以通过绘制形状→导入素材→选中素材图层→右击→选择"创建剪贴蒙版"命令完成。操作步骤如下。

（1）按住 Shift 键，绘制一个正圆。

（2）选择一张素材拖入 Photoshop 画板，调整图片大小。

（3）调整图片位置（拖放到圆形图层位置），同时在图层面板选中素材图层，右击，选择"创建剪贴蒙版"命令。

（4）选择素材图层（Ctrl+T），调整图层位置和大小。调整结束后按 Enter 键确定即可（图 5-1）。

2. 调整亮度和对比度

（1）在菜单栏中，选择"图像"→"调整"→"亮度 / 对比度"命令（图 5-2）。

（2）拖动"亮度"滑块更改图像的整体亮度。拖动"对比度"滑块增加或降低图像对比度。单击"确定"按钮（图 5-2）。

3. 调整颜色自然饱和度

（1）在菜单栏中，选择"图像"→"调整"→"自然饱和度"命令（图 5-3）。

（2）拖动滑块进行尝试。"自然饱和度"可以影响颜色的强度，主要影响图像中较暗的颜色；"饱和度"可以提高图像中所有颜色的强度，完成后单击"确定"按钮。

图 5-1

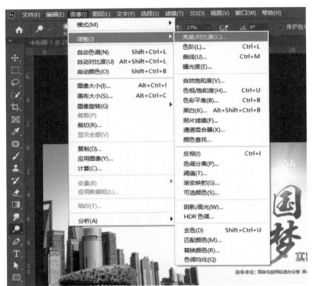

图 5-2

图 5-3

4. 调整颜色自然饱和度

（1）在菜单栏中选择"图像"→"调整"→"色相 / 饱和度"命令（图 5-4）。

（2）拖动"色相""饱和度"和"明度"滑块进行尝试，更改将影响图像中的所有颜色。"色相"滑块可以更改图像中的颜色；"饱和度"滑块可以更改图像中颜色的强度；"明度"滑块可以更改图像中颜色的明度。

（3）如果只想更改一种特定的颜色，可以在"色相 / 饱和度"对话框左上角的下拉菜单中选择一个色域，例如"黄色"，然后拖动"色相""饱和度"或"明度"滑块，这样所做的更改将只会影响所选的色域，并且会更改图像中所有相应的颜色，完成后单击"确定"按钮。

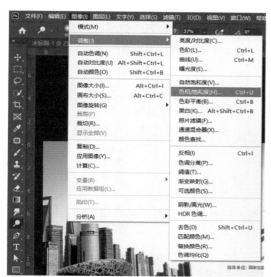

图 5-4

5.4　素养提升

中国故事——草鞋文化

　　编织工艺是我国古老的传统工艺，我们较为熟悉的草鞋运用的是编织工艺中的草编工艺，扫描右侧二维码阅读文章，思考并探讨以下问题。

（1）中国编织工艺分为哪几类？

（2）你对草鞋文化是怎样理解的？

读中国故事——
草鞋文化

5.5 任务实施

以千鸟格休闲外套和披肩式外套为工作任务对象，进行千鸟格面料、流苏、粗毛呢面料、树脂纽扣及外套款式的绘制。

任务目标

（1）素质目标：感受中国传统服饰文化，对中国传统服饰文化进行传承并发扬光大；引导学生树立正确的人生观、价值观和责任意识；树立规则意识，培养精益求精、追求信誉与品质的职业道德。

（2）知识目标：掌握 CorelDRAW 2019 版本相关工具的使用方法，包括"涂抹"工具；掌握 Photoshop2020 版本相关工具的使用方法，包括创建剪切蒙版、操控变形、扭曲等。

（3）能力目标：能够熟练使用 CorelDRAW 2019 软件绘制外套线稿；能够熟练使用 Photoshop 软件绘制外套立体效果。

实施准备

只有了解毛衫、大衣（外套）款式的特点，在绘制服装款式图时才能准确表现各部位的结构。

1. 女式毛衫款式分析

女式毛衫款式丰富多样，精简实用，舒适耐穿，扫描右侧二维码观看视频，思考并探讨以下问题。

（1）女式毛衫的款式特点是什么？

（2）女式毛衫的款式变化设计体现在哪些方面？

视频：女式毛衫款式分析

2. 女式大衣（外套）款式分析

女式大衣（外套）是秋冬季的经典单品款式之一，是企业产品开发的重点款式，扫描右侧二维码观看视频，思考并探讨以下问题。

（1）女式大衣（外套）的廓形有哪些？

（2）女式大衣（外套）的款式变化设计体现在哪些方面？

视频：女式大衣（外套）款式分析

5.5.1　工作任务 1：千鸟格休闲外套

千鸟格休闲外套款式如图 5-5 所示。任务实施单见表 5-2。

图 5-5

表 5-2　任务实施单

序号	步骤	操作说明	制作标准
1	千鸟格休闲上衣廓形结构绘制	参考服装成衣图片进行廓形绘制，使用"钢笔"工具绘制廓形，使用"虚拟段删除"工具删除多余线段	比例美观协调，服装廓形及内部结构符合形式美法则，结构合理，可生产、能穿脱
2	千鸟格休闲上衣内部结构绘制	使用"艺术笔"工具设置服装褶线；使用"混合"工具和"虚拟段删除"工具绘制领口、腰带、袖口等螺纹效果	绘图规范，结构表现合理；线条流畅清晰，粗细恰当，层次清楚
3	千鸟格休闲上衣图层设置	在 Photoshop 中，根据服装的不同部位分别建立图层	绘图规范，工具运用合理
4	千格鸟休闲上衣图案绘制	在 CorelDRAW 中，使用"变换"工具绘制千鸟格图案；在 Photoshop 中，运用剪切蒙版进行填充，并使用"操控变形"工具进行扭曲变形	面料肌理体现充分；能根据面料的质地、性能恰当地表现服装风格和款式造型
5	千鸟格休闲上衣树脂纽扣制作	在 CorelDRAW 中，使用"底纹填充"和"高斯式模糊"工具绘制树脂纽扣；使用"扭曲"工具进行纽扣的透视变形	辅料质地表现充分，绘图规范，充分体现纽扣工艺和造型特征

序号	步骤	操作说明	制作标准
6	千鸟格休闲上衣立体效果绘制	在 Photoshop 中，通过创建剪切蒙版，使用"画笔"工具绘制暗面和亮面的效果	服装立体效果表现准确，明暗关系合理，画面层次感强；图案表现自然，画面效果整体性强

5.5.1.1　廓形结构绘制

参考服装成衣图片进行廓形绘制，操作方法参考"2.5.2.1　女衬衫廓形绘制"（图 5-6 ）。

5.5.1.2　内部结构线绘制

（1）廓形线稿绘制完成后，将图层命名为"廓形线稿"，新建一个图层，在"图层 1"上双击，重新命名为"内部结构线稿"（图 5-7 ）。

（2）按住 Shift 键把两条内部褶线选中，拖曳到"内部结构线稿"图层（图 5-8 ）。

图 5-6　　　　　　　　　　图 5-7　　　　　　　　　　图 5-8

（3）选择"艺术笔"工具，选择艺术笔样式，将褶线设置成具有韵律感的线条（图 5-9 ）。

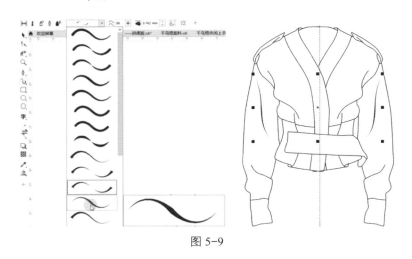

图 5-9

（4）使用"选择"工具选中领子处分割线，移动并右击进行复制，调整长度使其长于衣身（图 5-10 ）。

（5）使用移动复制的方法再复制一条放置右侧，按 F10 键切换为"形状"工具进行调整（图 5-11 ）。

图 5-10

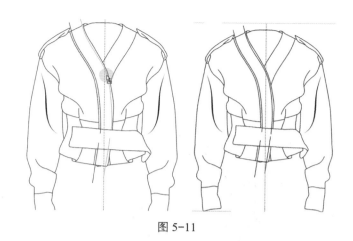

图 5-11

（6）选中上面的两条螺纹线，拖曳到"内部结构线稿"图层，锁定"廓形线稿"图层（图 5-12）。

（7）使用"混合"工具对这两条线进行混合，把"调和步数"设置为"4"（图 5-13）。

图 5-12

图 5-13

（8）使用"选择"工具，在中间的线上右击，选择"拆分混合"命令，使用"虚拟段删除"工具删除多余线段（图 5-14）。

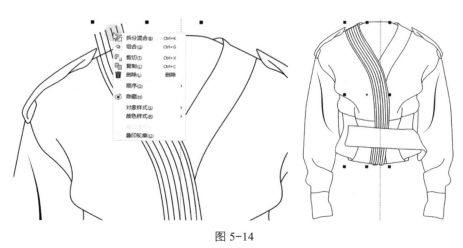

图 5-14

使用这种方法完成右侧螺纹线的绘制。

注意，删除交叉部位的线段时，需要先隐藏左侧领子上的螺纹线，然后删除（图 5-15）。

使用同样的方法绘制袖口螺纹和腰带螺纹（图 5-16）。

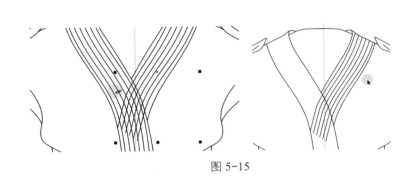

图 5-15

图 5-16

5.5.1.3 图层设置

线稿导出与图层设置的操作步骤如下。

（1）在 CorelDRAW 中将线稿导出，首先导出廓形线稿，将"内部结构线稿"图层锁定（图 5-17）。

（2）框选廓形线稿，单击"导出"按钮，将文件命名为"廓形线稿"，选择保存类型为 PSD 格式，先单击"导出"按钮，再单击"确定"按钮（图 5-18）。

图 5-17

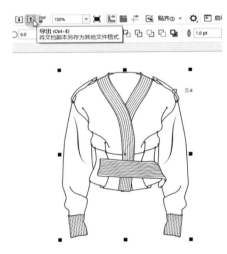

图 5-18

（3）将"廓形线稿"图层隐藏并锁定，解锁"内部结构线稿"图层（图 5-19）。

（4）框选内部结构线稿，单击"导出"按钮，将文件命名为"内部结构线稿"，选择保存类型为 PSD 格式，先单击"导出"按钮，再单击"确定"按钮（图 5-20）。

（5）打开 Photoshop 软件，选择"文件"→"打开"命令，将"廓形线稿"文件打开。

（6）选择"图像"→"画布大小"命令，调整画布大小，设置宽度为 14，高度为 14，单击"确定"按钮（图 5-21）。

图 5-19

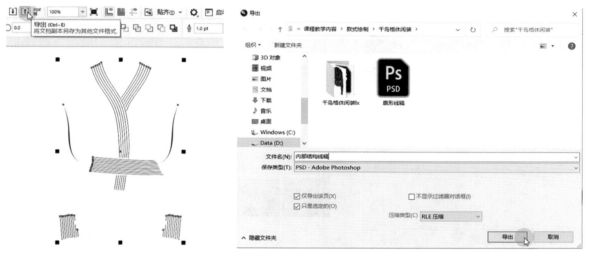

图 5-20

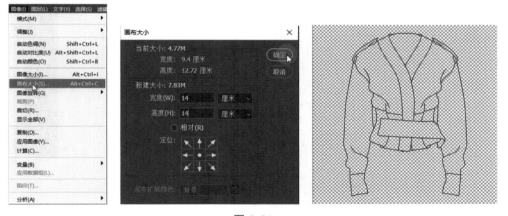

图 5-21

（7）新建图层，将新建的图层拖到下方，填充一个白色背景，背景色的填充方法是按 Ctrl+Delete 组合键（图 5-22）。

（8）双击"图层 1"将其命名为"廓形线稿"，双击"图层 2"将其命名为"背景"（图 5-23）。

图 5-22

图 5-23

（9）选择"文件"→"打开"命令，将"内部结构线稿"选中并打开。

（10）使用"矩形选框"工具 ▦ 选中所有的内部结构线稿，使用"移动"工具 ✛ 将其移动至"廓形线稿"文件中（图 5-24）。

（11）按 Ctrl+T 组合键自由变换进行移动，可通过键盘上的上、下、左、右键进行移动，按 Enter 键确定（图 5-25）。

图 5-24

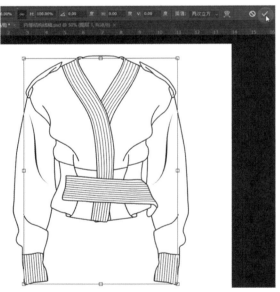

图 5-25

（12）双击"图层 1"将其命名为"内部结构线稿"，使用"魔术棒"工具 ✨，勾选"连续"复选框，选中线稿外面的白色，右击，选择"选择反向"命令（图 5-26）。

（13）在"颜色"泊坞窗中选择颜色，新建图层，按 Alt+Delete 组合键填充为前景色，将"图层 1"命名为"底色"，按 Enter 键确定，按 Ctrl+D 组合键取消选区，将"底色"图层拖曳至"背景"图层上面（图 5-27）。

图 5-26

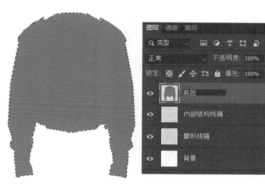

图 5-27

（14）使用"魔术棒"工具，按住 Shift 键将衣身和袖子的部位选中，新建图层，按 Alt+Delete 组合键填充颜色，按 Ctrl+D 组合键取消选区，进行命名（图 5-28）。

（15）为了便于选择各个部位，先单击"内部结构线稿"图层前面的小眼睛图标进行"隐藏"（图 5-29）。

（16）使用"魔术棒"工具，选择需要填充颜色的部位（按住 Shift 键进行多选），创建新图层，按 Alt+Delete 组合键填充颜色，按 Ctrl+D 组合键取消选区，进行命名。

（17）按照上面的方法，把服装的不同部位分别选中，填充颜色（图 5-30）。

（18）选择"底色"图层，使用"魔术棒"工具，选择腋下、腰部的部位，按 Delete 键进行删除，按 Ctrl+D 组合键取消选区（图 5-31）。

新建图层

图 5-28

图 5-29

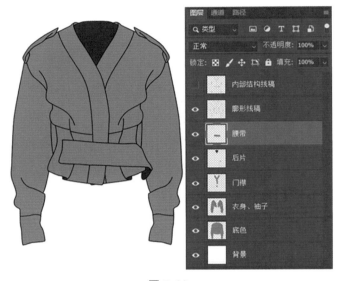

图 5-30

图 5-31

（19）按住 Shift 键将服装各部位的图层选中，单击"锁定透明像素"按钮，再按住 Ctrl 键就可以直接进行选择了（图 5-32）。

图 5-32

建好图层之后进行图层顺序的排列，例如，将"门襟"图层放到"腰带"图层和"后片"图层的中间。

5.5.1.4　千鸟格面料制作与填充

千鸟格面料制作

（1）绘制一个 2 cm × 2 cm 的正方形（图 5-33）。

（2）按住 Ctrl 键，复制另外 2 个正方形，使用"钢笔"工具分别在两侧正方形中绘制 ABCD 和 EFG 2 个图形（图 5-34）。

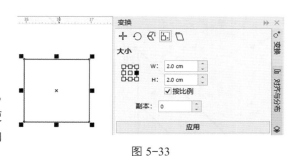

图 5-33

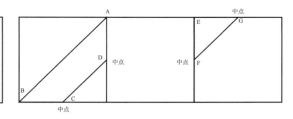

图 5-34

（3）从右下角（箭头指向的位置）按住 Ctrl 键，按住鼠标左键向上拖曳，同时右击，复制出对称图形（图 5-35）。

（4）用同样的方法，从左上角按住 Ctrl 键，按住鼠标左键向上拖曳，同时右击，复制出对称图形（图 5-36）。

（5）框选所有对象，单击"创建边界"按钮（图 5-37）。

（6）对创建的图形填充颜色，设置为"无轮廓"（图 5-38）。

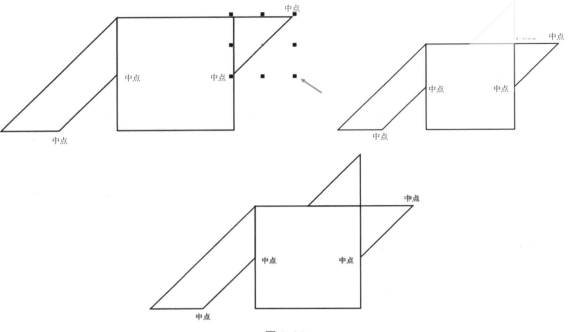

图 5-35

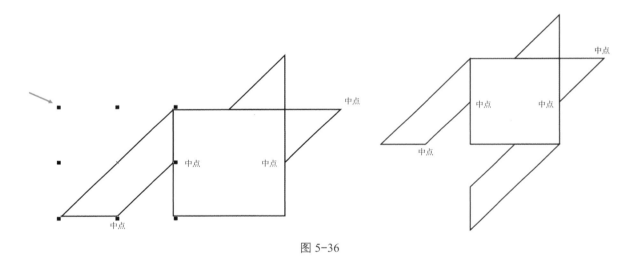

图 5-36

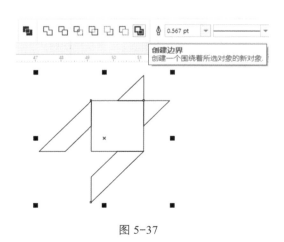

图 5-37

图 5-38

（7）在"变换"泊坞窗的"位置"区域，选择"中心"选项，设置"X"为 4 cm，"副本"为 15，单击"应用"按钮（图 5-39）。

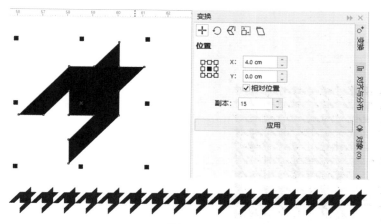

图 5-39

（8）框选所有图形，在"变换"泊坞窗的"位置"区域，选择"中心"选项，设置"Y"为 4 cm，"副本"为 15，单击"应用"按钮（图 5-40）。

图 5-40

（9）框选所有图形，单击"焊接"按钮（图 5-41）。

（10）使用"矩形"工具在一个循环上绘制一个正方形（图 5-42）。

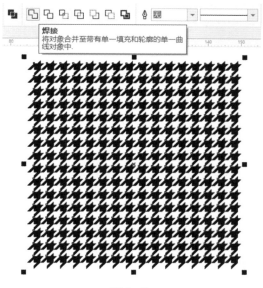

图 5-41

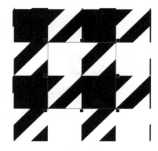

图 5-42

（11）框选所有图形，单击"相交"按钮（图5-43）。

（12）将相交得到的图形取出，这个图形就是千鸟格的一个循环图形，选中该图形，单击"导出"按钮，导出为JPG格式（图5-44）。

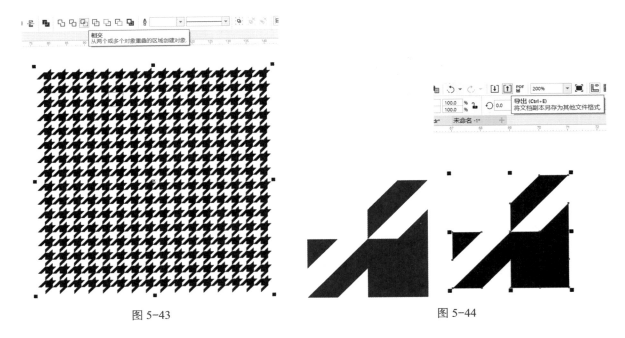

图5-43   图5-44

（13）在"属性"泊坞窗中选择"填充"→"更多"→"底纹填充"命令（图5-45）。

（14）单击"编辑填充"按钮（图5-46）。

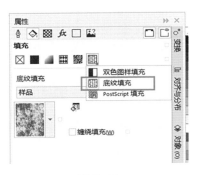   

图5-45   图5-46

（15）在"编辑填充"对话框中，单击"位图图样填充"按钮（图5-47）。

（16）单击"选择"按钮，打开图案所在的位置，选择图案，单击"导入"按钮，在"变换"区域调整大小（图5-48），即可填充到相应的图形中。

可通过"填充"泊坞窗中的"变换"区域继续调整图案大小（图5-49）。

千鸟格面料填充

（1）在Photoshop中，选择"文件"→"打开"命令，选择"千鸟格面料"文件。

（2）单击"背景"图层右边的小锁图标进行解锁（图5-50）。

（3）使用"魔术棒"工具，取消选择"连续" 连续，选择白色区域，按Delete键删除白色背景，按Ctrl+D组合键取消选区，千鸟格面料背景即透明（图5-51）。

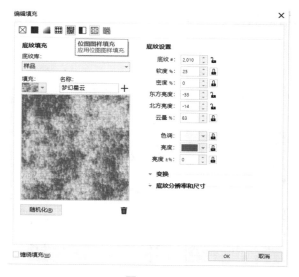

图 5-47

图 5-48

图 5-49

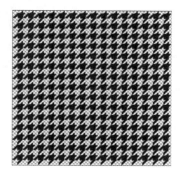

图 5-50

图 5-51

（4）使用"移动"工具将面料移动至款式文件中。

（5）按 Ctrl+T 组合键进行自由变换，调整大小，单击"确定"按钮（图 5-52）。

（6）将图层命名为"千鸟格面料"，并把图层拖至"衣身、袖子"图层的上面。

（7）按住 Alt 键，鼠标放在"千鸟格面料"图层和"衣身、袖子"图层中间，在出现向下的箭头图标 时单击，并创建剪切蒙版（图 5-53）。

（8）调整图案造型：选择"编辑"→"操控变形"命令，将固定部位单击钉住，在需要变形的部位处单击，然后拖曳图钉，让褶皱部位的图案密集一些，调整袖子部位的图案，使其与袖子的走势吻合，变形结束之后单击"确定"按钮（图 5-54）。

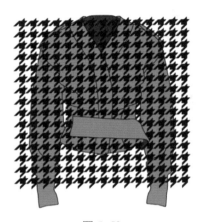

图 5-52

图 5-53

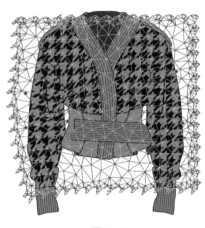

图 5-54

5.5.1.5　树脂纽扣制作

（1）使用"椭圆"工具绘制一个大的正圆和一个小的正圆，将小圆水平移动复制（按住 Shift 键，在移动的同时右击），将 2 个小圆垂直移动复制（按住 Shift 键，在移动的同时右击），框选 4 个小圆进行群组（图 5-55）。

（2）框选全部对象，打开"对齐与分布"泊坞窗，单击"水平居中对齐"按钮和"垂直居中对齐"按钮（图 5-56）。

（3）单击"移除前面对象"按钮 ▭（图 5-57）。

（4）选择"填充"→"底纹填充"命令，选择"样品 7"选项，单击"编辑填充"按钮，打开"编辑填充"对话框，设置密度、颜色，并勾选"变换对象"复选框（图 5-58）。

（5）复制一个纽扣，使用"椭圆形渐变填充"填充渐变效果，设置如图 5-59 所示。

（6）设置透明度的类型为"亮度"，根据效果调整透明度数据（图 5-60）。

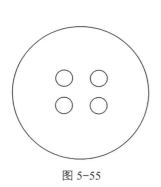

图 5-55

图 5-56

图 5-57

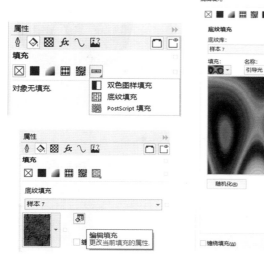

图 5-58

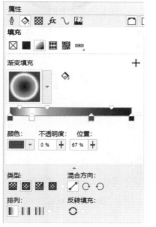

图 5-59

图 5-60

（7）将设置透明的渐变纽扣放置到底纹填充的纽扣上面（图 5-61）。

（8）在纽扣中间绘制一个正圆，按 Shift+Ctrl+Q 组合键将其转换为对象，按 F10 键切换为"形状"工具，调整形状，并填充白色（图 5-62）。

图 5-61   图 5-62

（9）选择"位图"→"转换为位图"命令，如图 5-63 所示；选择"效果"→"模糊"→"高斯式模糊"命令，调整半径，如图 5-64 所示。

图 5-63   图 5-64

树脂纽扣制作完成（图 5-65）。

5.5.1.6　立体效果绘制

（1）使用"画笔"工具 ![画笔图标]，按住 Alt 键可以吸取颜色。

（2）衣身、袖子的立体效果绘制：选中"衣身、袖子"图层，单击"创建新图层"按钮，将图层的样式设置为"正片叠底"，将不透明度设置为 50% 左右（图 5-66）。

图 5-65

画笔的样式选择"柔边圆压力"，在英文输入法状态下，按中括号键可以设置画笔大小（按左括号键为缩小，按右括号键为放大），开始进行暗面的绘制，不透明度可以随时进行调整（图 5-67）。

如果想让立体效果更加明显，可以多建几个图层，通过不透明度的调整或不同深浅颜色的设置进行绘制，层次越多，立体效果越好。

高光绘制：创建一个新的图层，选择浅颜色绘制高光，按中括号键调整画笔的大小（图 5-68）。

（3）使用同样的方法完成其他区域立体效果的绘制。例如，门襟处立体效果的绘制：新建一个图层，按住 Alt 键，将鼠标放在新建的图层和"门襟"图层中间，在出现向下箭头时单击左键，创建剪切蒙版，按住 Alt 键吸取颜色，绘制立体效果（图 5-69）。

图 5-66

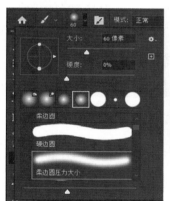

图 5-67

图 5-68

图 5-69

注意：绘制暗面时需要将图层的样式设置为"正片叠底"，调整不透明度。

（4）打开"纽扣"文件，解锁图层。

（5）使用"魔术棒"工具 ，勾选"连续"复选框 ，按住 Shift 键选取白色区域，按 Delete 键删除白色背景，再按 Ctrl+D 组合键取消选区（图 5-70）。

（6）使用"移动"工具  将纽扣移动至款式中，将"纽扣"图层拖曳至最上层。按 Ctrl+T 组合键进行自由变换，调整大小。按 Enter 键确定，将图层命名为"纽扣"（图 5-71）。

（7）按住 Alt 键拖曳"纽扣"图层进行复制，移动到相应位置（图 5-72）。

（8）肩部的纽扣需要进行变形，按 Ctrl+T 组合键自由变换，右击，选择"扭曲"命令，调整好后按 Enter 键确定（图 5-73）。

图 5-70　　　　　　　　图 5-71

 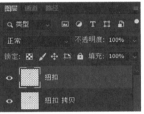

图 5-72　　　　　　　　　　　　　图 5-73

（9）按住 Alt 键将扭曲的纽扣拖曳复制，移动到右侧，按 Ctrl+T 组合键自由变换，右击，选择"水平翻转"命令，调整位置，按 Enter 键确定（图 5-74）。

（10）按住 Shift 键选中所有"纽扣"图层，右击，选择"合并图层"命令（图 5-75）。

图 5-74　　　　　　　　　　　　　图 5-75

（11）选择"图像"→"调整"→"色彩平衡"命令，调整纽扣颜色，单击"确定"按钮（图 5-76）。

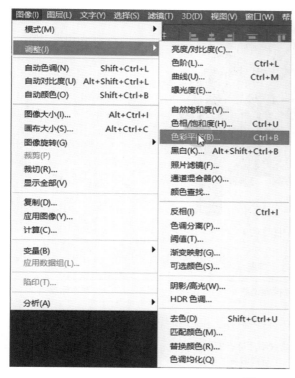
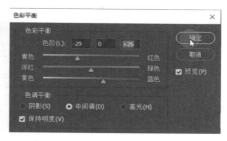

图 5-76

（12）在"纽扣"图层上双击，打开"图层样式"对话框，勾选"投影"复选框，取消勾选"使用全局光"复选框，调整角度、大小、距离等，单击"确定"按钮（图 5-77）。立体效果绘制完成（图 5-78）。

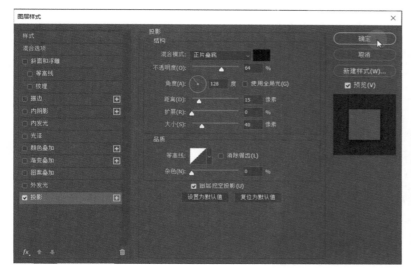

图 5-77　　　　　　　　　　　　图 5-78

5.5.2 工作任务 2：披肩式外套

披肩式外套款式如图 5-79 所示。任务实施单见表 5-3。

图 5-79

表 5-3 任务实施单

序号	步骤	操作说明	制作标准
1	披肩式外套廓形绘制	参考服装成衣图片进行廓形绘制，使用"涂抹"工具绘制流苏效果	比例美观协调，服装廓形及内部结构符合形式美法则，结构合理，可生产、能穿脱
2	披肩式外套粗毛呢面料制作	在 CorelDRAW 中，使用"变形"工具调整线的样式；使用"混合"工具绘制面料的纹理；在 Photoshop 中，使用"滤镜 / 滤镜库 / 纹理 / 纹理化"制作粗毛呢面料	面料肌理表现充分；能根据面料的质地、性能恰当地表现服装风格和款式造型
3	披肩式外套立体效果绘制	在 Photoshop 中，通过创建剪切蒙版，使用"画笔"工具绘制暗面和亮面的效果	服装立体效果表现准确，明暗关系合理，画面层次感、整体性强

5.5.2.1 廓形绘制

（1）借助成衣模型进行廓形绘制，操作方法参考"2.5.2.1 女衬衫廓形绘制"（图 5-80）。

（2）框选所有的线，单击"焊接"按钮，隐藏辅助线（图 5-81）。

（3）使用"涂抹"工具 ⟩⟩ 进行流苏的绘制，先使用"选择"工具选中廓形线，再使用"涂抹"工具进行涂抹（图 5-82）。

（4）框选所有流苏线，设置轮廓笔宽度为 1.0 pt，在"轮廓笔"泊坞窗中勾选"随对象缩放"复选框，将角设置为圆角（图 5-83）。

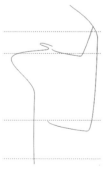

图 5-80

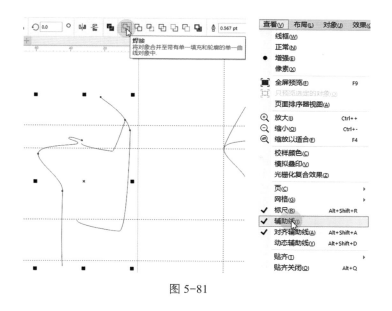

图 5-81　　　　　　　　　　　　　　　　　　　　图 5-82

（5）将做好的流苏放置到外套廓形相应部位（图 5-84）。

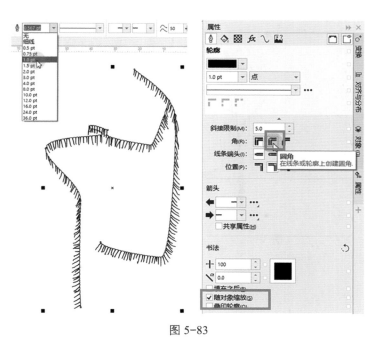

图 5-83　　　　　　　　　　　　　　　　　　　　图 5-84

（6）使用"选择"工具框选所有对象，按住 Ctrl 键从左向右拖曳控制点，同时右击，水平翻转复制（图 5-85）。

（7）选中内部结构线，按 Ctrl+Shift+Q 组合键将其转化为对象，使用"形状"工具进行调整。

（8）用同样的方法设置其他部位结构线的形状及粗细（图 5-86）。

（9）选中左、右两侧流苏结构线，单击"组合对象"按钮，右击，选择"隐藏"命令（图 5-87）。

（10）框选所有廓形线，单击"导出"按钮打开对话框，勾选"只是选定的"复选框，将文件命名为"外套线稿"，保存类型选择为 PSD 格式，先单击"导出"按钮，再单击"确定"按钮（图 5-88）。

（11）将流苏结构线取消隐藏，选中流苏结构线，单击"导出"按钮打开对话框，勾选"只是选定的"复选框，将文件命名为"外套线稿—流苏"，保存类型选择为 PSD 格式，先单击"导出"按钮，再单击"确定"按钮（图 5-89）。

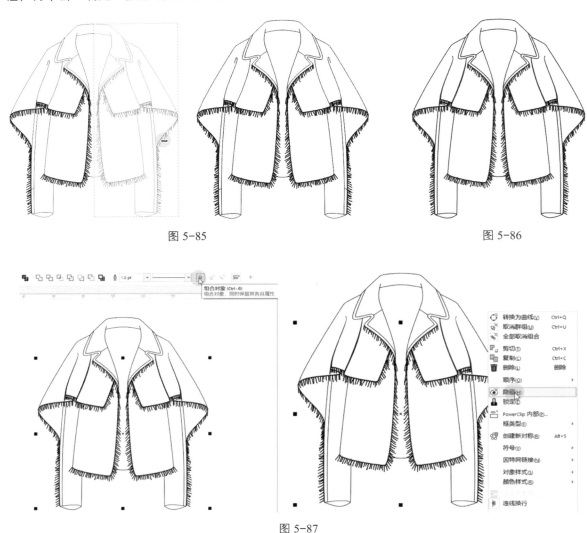

图 5-85　　　　　　　　　　　　　　　　　　　图 5-86

图 5-87

图 5-88

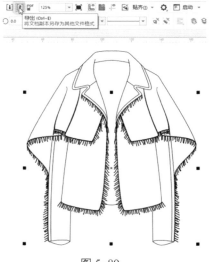

图 5-89

5.5.2.2　粗毛呢面料制作

（1）使用"钢笔"工具，按 Shift 键绘制一条水平线。

（2）使用"变形"工具，选择"拉链变形"选项，分别设置"拉链振幅"和"拉链频率"的数值，也可以通过拖曳的方式调整其大小（图 5-90）。

（3）在按住 Shift 键拖曳的同时右击，进行移动复制。使用"混合"工具 🖋 进行混合，将混合步数设置为 110（图 5-91）。

（4）在将混合图形向左拖曳的同时右击，进行移动复制，再按 Ctrl+R 组合键重复该动作（图 5-92）。

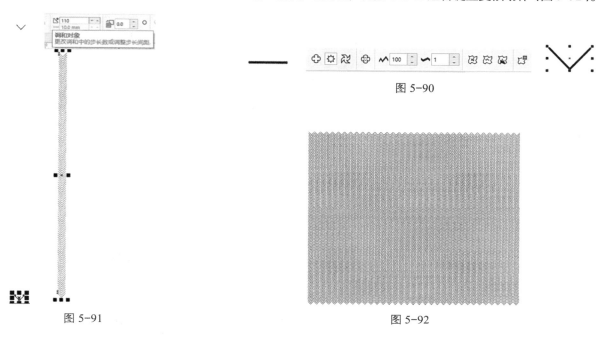

图 5-90

图 5-91　　　　　　　　　　　　　　　　图 5-92

（5）框选所有对象，单击"组合对象"按钮进行组合对象（图 5-93）。

（6）单击"导出"按钮打开对话框，勾选"只是选定的"复选框，将文件命名为"粗呢面料 2"，保存类型选择为 PSD 格式，先单击"导出"按钮，再单击"确定"按钮（图 5-94）。

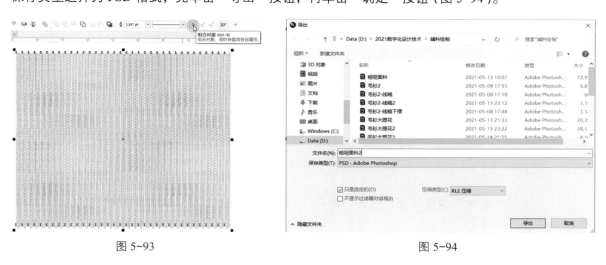

图 5-93　　　　　　　　　　　　　　　　图 5-94

（7）在 Photoshop 软件中打开"粗呢面料"文件，选中图层后右击，取消链接，将其命名为"纹理"图层。

（8）新建图层并拖曳至最下面，命名为"底色"图层，选择颜色，按 Alt+Delete 组合键填充前景色（图 5-95）。

（9）选择"底色"图层，选择"滤镜"→"滤镜库"→"纹理"→"纹理化"命令，选择粗麻布，根据需要调整缩放尺寸，单击"确定"按钮（图 5-96）。

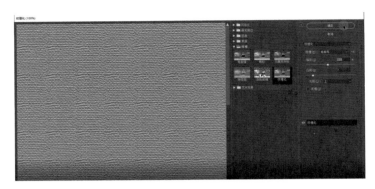

图 5-95   图 5-96

（10）选择"纹理"图层，选择"滤镜"→"滤镜库"→"纹理"→"纹理化"命令，选择粗麻布，根据需要调整缩放尺寸，单击"确定"按钮（图 5-97）。

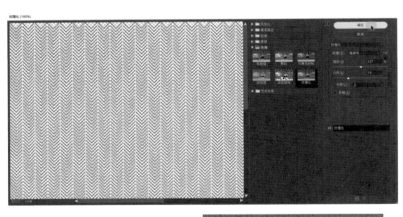

图 5-97

（11）这时可以自由调整颜色，选中"底色"图层，按 Ctrl+U 组合键进行色相／饱和度的调整（图 5-98）。

5.5.2.3　立体效果

（1）打开 Photoshop 软件，选择"文件"→"打开"命令，选择"外套线稿"和"外套线稿—流苏"文件。

图 5-98

（2）将"流苏"结构线拖到"外套线稿"文件中。

（3）将流苏放置到合适的位置，双击图层进行图层命名（图 5-99）。

（4）新建图层，并将新建图层拖到最底下，按 Ctrl+Delete 组合键用背景色进行填充（图 5-100）。

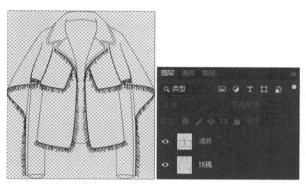

图 5-99

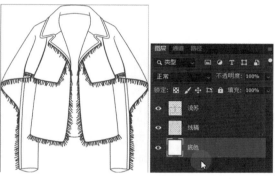

图 5-100

（5）将"流苏"图层隐藏。

（6）使用"魔术棒"工具，按住 Shift 键选择衣服外侧区域，右击，选择"选择反向"命令，新建图层，并放置在"底色"图层的上面，填充一个灰色，按 Ctrl+D 组合键取消选区（图 5-101）。

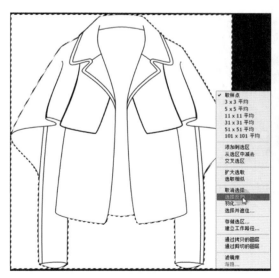

图 5-101

（7）使用"魔术棒"工具，选择后片，新建图层，选取颜色，先按 Alt++Delete 组合键填充颜色，再按 Ctrl+D 组合键取消选区。

（8）选择袖口区域，先按 Alt+Delete 组合键填充颜色，再按 Ctrl+D 组合键取消选区（图 5-102）。

（9）打开毛呢面料，将其拖曳到款式文件中，并将面料图层移动到衣身图层的上面（图 5-103）。

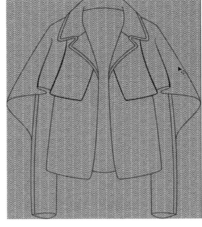

图 5-102　　　　　　　　　　　　　　　　图 5-103

（10）按住 Alt 键，将鼠标放在面料图层和衣身图层中间，在出现向下箭头时单击，创建剪切蒙版（图 5-104）。

（11）在衣身图层上面新建图层，创建剪切蒙版，将图层命名为"阴影"，选择画笔样式为"柔边圆压力不透明"，设置图层样式为"正片叠底"，调整不透明度在 40% 左右。

（12）按住 Alt 键可吸取颜色，使用"画笔"工具绘制暗部（图 5-105）。

（13）选中"线稿"图层，使用"魔术棒"工具选择披肩后片部位，新建图层，填充颜色，按 Ctrl+D 组合键取消选区（图 5-106）。

（14）用同样的方法绘制立体效果。

图 5-104　　　　　　　　　　　　　　　　图 5-105

（15）显示"流苏"图层，观察效果（图 5-107）。

（16）选中"线稿"图层，使用"魔术棒"工具选择领子和袖子上的装饰条部位，新建图层，填充颜色，按 Ctrl+D 组合键取消选区（图 5-108）。

图 5-106

图 5-107

图 5-108

（17）在装饰条图层上面新建图层，创建剪切蒙版（图 5-109）。

（18）使用"画笔"工具，选取浅色，图层样式选择"正常"，设置不透明度为 50% 左右，绘制高光（图 5-110）。

（19）可以通过添加图层的方式继续完善立体效果，层次越多，立体效果越好（图 5-111）。

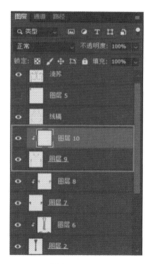

图 5-109

图 5-110

图 5-111

5.6 拓展训练

1. 运用千鸟格图案绘制方法，结合中国传统吉祥纹样，绘制具有民族风格的四方连续图案。

2. 运用粗毛呢面料绘制方法尝试绘制其他具有肌理感的面料。

3. 将设计的四方连续图案和肌理感面料运用到服装款式中，并结合右侧二维码中款式图进行拓展训练。

拓展训练款式图

5.7 学习评价

项目 5 学习评价表见表 5-4。

表 5-4 项目 5 学习评价表

评价指标		评价标准			评价方式		
		优	良	合格	自评（15%）	互评（15%）	教师评价（70%）
工作能力（35%）	分析能力（5%）	能正确分析订单需求和款式特点，正确合理地选择使用工具	能正确分析订单需求和款式特点，较好地选择使用工具	能分析订单需求和款式特点			
	实操能力（25%）	能准确地利用软件的工具，制订详细的款式绘制操作步骤	能准确地利用软件的工具，制订款式绘制操作步骤	能准确地利用软件的工具，制订部分款式绘制操作步骤			
		相关工具操作规范，正确进行款式绘制，合理完成全部内容的绘制	相关工具操作规范，较正确地进行款式绘制，合理完成全部内容的绘制	相关工具操作相对规范，进行款式绘制，完成部分内容的绘制			
	合作能力（5%）	能与其他组员分工合作；能提出合理见解和想法	能与其他组员分工合作；能提出一定的见解和想法	能与其他组员分工合作			
学习策略（20%）	学习方法（10%）	格式符合标准，内容完整，有详细记录和分析，并能提出一些新的建议	格式符合标准，内容完整，有一定的记录和分析	格式符合标准，内容较完整			
	自我分析（10%）	能主动倾听、尊重他人意见	能倾听、尊重他人意见	能倾听他人意见			
		能很好地表达自己的看法	能较好地表达自己的看法	能表达自己的看法			
		能从小组的想法中提出更有效的解决方法	能从小组的想法中提出可能的解决方法	偶尔能从小组的想法中提出自己的解决方法			
成果作品（45%）	规范性（15%）	作品制作非常规范	作品制作规范	作品制作相对规范			
	标准化（15%）	作品整体符合企业产品标准	作品大部分符合企业产品标准	作品局部符合企业产品标准			
	创新性（15%）	作品具有很好的创新性	作品具有较好的创新性	作品有一定的创新性			

ENTERPRISE DESIGN CASE

企业设计案例

短裙

褶裙

男衬衫

女衬衫

女西装

男西装

POLO衫

运动夹克

冲锋衣外套

棉衣

夏季运动套装

棒球衫

REFERENCES

参考文献

［1］丁雯.CorelDRAW X5 服装设计标准教程［M］.北京：人民邮电出版社，2016.

［2］丁雯，丁莺.CorelDRAW 现代服装款式设计从入门到精通［M］.北京：人民邮电出版社，2012.

［3］李涛.CorelDRAW X8 中文版案例教程［M］.2 版.北京：高等教育出版社，2017.

［4］POP 服装趋势网 https://www.pop-fashion.com/.